Thomas Chakar

Methode zur Klassifizierung von Tragfähigkeitsmessergebnissen des Falling Weight Deflectometers bei Asphaltbefestigungen

Karlsruher Institut für Technologie (KIT)

Veröffentlichungen
des Institutes für Straßen- und Eisenbahnwesen
Band 59

Herausgeber: Univ.-Prof. Dr.-Ing. Dr. h. c. Ralf Roos

Eine Übersicht über alle bisher in dieser Schriftenreihe erschienenen Bände
finden Sie am Ende des Buchs.

Methode zur Klassifizierung von Tragfähigkeitsmessergebnissen des Falling Weight Deflectometers bei Asphaltbefestigungen

von
Thomas Chakar

Dissertation, Karlsruher Institut für Technologie
Fakultät für Bauingenieur-, Geo- und Umweltwissenschaften
Tag der mündlichen Prüfung: 15. Dezember 2009
Referenten: Univ.-Prof. Dr.-Ing. Dr.h.c. Ralf Roos
            Univ.-Prof. Dr.-Ing. Harald S. Müller

Impressum

Karlsruher Institut für Technologie (KIT)
KIT Scientific Publishing
Straße am Forum 2
D-76131 Karlsruhe
www.ksp.kit.edu

KIT – Universität des Landes Baden-Württemberg und nationales
Forschungszentrum in der Helmholtz-Gemeinschaft

KIT Scientific Publishing 2011
Print on Demand

ISSN: 0344-970X
ISBN: 978-3-86644-581-9

Vorwort

Die Bundesrepublik Deutschland verfügt über ein sehr gut ausgebautes Straßennetz, das bis auf wenige Lückenschlüsse und erforderliche Ortsumgehungen als nahezu komplett bezeichnet werden kann. Daher werden die Neubauaktivtäten zurück gehen und die systematische Erhaltung der vorhandenen Infrastruktur wird zunehmend an Bedeutung gewinnen. Heute basiert die Erhaltungsplanung unserer Straßen im Wesentlichen auf oberflächenbezogenen Zustandsdaten, die mit schnellfahrenden Messsystemen erfasst und mit anerkannten Methoden analysiert und bewertet werden können. Diese Daten liefern zwar wichtige Informationen zur Befahrbarkeit und somit zur Verkehrssicherheit, es lassen sich hieraus allerdings nur sehr begrenzt Erkenntnisse über die strukturelle Beschaffenheit des Oberbaus gewinnen, so dass eine Substanzbewertung lediglich aus dem Oberflächenbild einer Straße mit großen Unsicherheiten verbunden ist: Ist das Oberflächenbild der Straße sehr schlecht, dann ist i.d.R. eine schlechte Substanzbewertung folgerichtig; stellt sich jedoch das Oberflächenbild sehr gut dar (z.B. nach dem Einbau einer neuen Deckschicht bei Asphaltstraßen), dann führt dies bei einer ansonsten abgängigen Beschaffenheit des Oberbaus stets zu einer falschen Substanzbewertung.

Verlässliche Aussagen zum Substanzwert und zur Restnutzungsdauer einer Straße sind aber bei einer Reihe von technisch und wirtschaftlich ausgerichteten Fragestellungen von herausragender Bedeutung: Z.B. am Ende der Laufzeit von Funktionsbauverträgen und Konzessionsverträgen im Rahmen von PPP-Projekten, zur Bewertung des Anlagevermögens bei der Umstellung auf eine doppische Haushaltsführung (Eröffnungsbilanz) oder bei der Planung von Erhaltungsmaßnahmen. Die Einbeziehung von Tragfähigkeitsmessungen, z.B. mit dem Falling Weight Deflectometer (FWD), könnte hier Abhilfe schaffen, allerdings fehlen noch allgemeingültige Kriterien zur Bewertung der damit erzielten Messergebnisse. Der Grund für das Fehlen eines Bewertungshintergrundes liegt einerseits an der Vielzahl von Einflussfaktoren mit ihren spezifischen Streuungen und den unterschiedlichen Straßenaufbauten, was in Summe zu einer großen Variation an Tragfähigkeitsmustern als Merkmal für strukturelle Gegebenheiten einer Straßenkonstruktion führt, andererseits sind FWD-Messungen recht aufwendig, da für dieses stationär arbeitende Messsystem ein

Fahrstreifen gesperrt und abgesichert werden muss, so dass nicht sehr häufig Messungen rein zu Forschungszwecken (bei definierten Randbedingungen wie Temperatur, Feuchtigkeit der ungebundenen Schichten etc.) durchgeführt werden können. Es wird demnach noch eine ganze Zeit dauern, bis ein verlässlicher, d.h. auf einem großem Datenbestand basierender Bewertungshintergrund für die dargelegte Vielzahl an Varianten erarbeitet sein wird.

Hier setzte Herr Dr. Chakar mit einem alternativen Lösungsansatz an: Ausgehend von der bekannten Methode, theoretische Straßenmodelle mit Modellgrößen wie Schicht-E-Moduln zu erstellen, die aus Deflexionsmulden rückgerechnet werden, sah er eine Möglichkeit, durch Variation der Modellgrößen und Vorwärtsrechnung für definierte Randbedingungen die Einsenkung an der Oberfläche als theoretische Deflexionsmulden zu berechnen, um über die konkret verfügbaren Daten hinaus auch Maßzahlen für bisher noch nicht untersuchte Bauweisen und klimatische Gegebenheiten zu erhalten. Dieser Ansatz ist zunächst nur für Asphaltkonstruktionen auf ungebundenen Tragschichten zielführend, da nur für diese Bauweise systematisch angelegte Messungen mit dem FWD durchgeführt wurden und statistisch abgesicherte Basiskenngrößen für eine begrenzte Anzahl variierter Randbedingungen ermittelt werden konnten. Dies geschah in einem vorlaufenden Forschungsprojekt des Bundes, das vornehmlich von Herrn Dr. Chakar bearbeitet wurde.

Es ist ihm gelungen, den Datenbestand basierend auf realen Messungen unter bekannten äußeren Bedingungen durch künstlich generierte Daten so anzureichern, dass eine Klassifizierung von Tragfähigkeitsmessergebnissen, auch für bisher nicht in der Realität untersuchte Randbedingungen, möglich wurde. Damit können künftige FWD-Messungen von Asphaltbefestigungen (zunächst nur auf ToB) einer Tragfähigkeitsklasse zugeordnet und die Straßenkonstruktion im Hinblick auf ihren Substanzwert besser beurteilt werden; die entwickelte Methode kann zudem analog auf andere Bauweisen übertragen werden.

Man kommt somit – zumindest auf definierten Strecken, nicht bei einer netzweiten Betrachtung – weg von einer Substanzbewertung allein aus dem Oberflächenbild einer Straße, die häufig zu Fehleinschätzungen führt. Obwohl jede Strecke aufgrund der Vielzahl von Einflussfaktoren mit ihren spezifischen Streuungen eine einzigartige Kombination dieser Größen aufweist und somit quasi ein Unikat darstellt, können künftig (über ein selbstlernendes KNN) FWD-Messergebnisse einer Tragfähigkeitsklasse zugeordnet werden, so dass zumindest die mit einer Substanzbewertung verbundenen Risiken besser abgeschätzt werden können. Dies wiederum führt zu einem hohen betriebs- und vor allem volkswirtschaftlichen Nutzen.

Mit der entwickelten Methode und auf Basis der vorliegenden Arbeit wurde Herr Dr. Chakar an der Fakultät für Bauingenieur-, Geo- und Umweltwissenschaften des Karlsruher Instituts für Technologie (KIT) mit sehr gutem Erfolg zum Dr.-Ing. promoviert. In diesem Zusammenhang ist Herrn Univ.-Prof. Dr.-Ing. Harald S. Müller vom Institut für Massivbau und Baustofftechnologie des KIT für die Übernahme des Korreferates zu danken. Darüber hinaus gilt besonderer Dank dem Bundesministerium für Verkehr, Bau und Stadtentwicklung sowie der Bundesanstalt für Straßenwesen für die Förderung von Forschungsprojekten zu Tragfähigkeitsmessungen, aus denen die Daten für die vorliegende Arbeit stammen.

Karlsruhe, im Juni 2010

Univ.-Prof. Dr.-Ing. Dr.h.c. Ralf Roos

Danksagung

Die vorliegende Dissertationsschrift entstand im Wesentlichen während meiner Tätigkeit als akademischer Mitarbeiter am Institut für Straßen- und Eisenbahnwesen (ISE) der Universität Karlsruhe (TH), dem heutigen Karlsruher Institut für Technologie (KIT).

Zum Gelingen der Arbeit haben viele Menschen beigetragen, für deren Hilfe und tatkräftige Unterstützung ich herzlich danken möchte.

Mein ganz besonderer Dank gilt meinem Doktorvater Herrn Professor Roos, Leiter und Ordinarius des ISE, der mir an seinem Institut die Möglichkeit zur Anfertigung dieser Arbeit gab und mich dabei wohlwollend unterstützt hat. Dankbar bin ich auch Herrn Professor Müller für die freundliche und spontane Übernahme des Korreferates.

Danken möchte ich auch meinem ehemaligen Abteilungsleiter Herrn Dr. Freund sowie meinen ehemaligen Kollegen Dr. Reichelt und Lau für die stetige Hilfsbereitschaft bei der Diskussion der vorliegend beschriebenen Problematik .

Schließlich danke ich meiner Ehefrau Leyla, ohne die ich sicherlich nicht dieses Ziel erreicht hätte.

Thomas Chakar

Kurzfassung

Methode zur Klassifizierung von Tragfähigkeitsmessergebnissen des Falling Weight Deflectometers bei Asphaltbefestigungen

Eine Vielzahl an Einflussfaktoren mit ihren spezifischen Streuungen führt in situ zu einer großen Variation an Tragfähigkeitsmustern als Merkmal für strukturelle Gegebenheiten einer Straßenkonstruktion. Diese können mit dem Falling Weight Deflectometer (FWD) erfasst werden. Zur Bewertung dieser Tragfähigkeitsmuster und letztendlich der dadurch zu charakterisierenden Substanz bestand das Ziel darin, durch Generierung theoretischer Deflexionsmulden eine bereits vorhandene Datenbank mit Tragfähigkeitsmessdaten zu erweitern und eine Methode zur Klassifikation der darin enthaltenen Daten zu entwickeln und darzustellen. Durch eine solche Klassifikation können dann prinzipiell Tragfähigkeitsmessergebnisse z.B. in die Systematik der regelmäßig an Bundesfernstraßen durchgeführten Zustandserfassung und -bewertung eingebunden werden.

Anhand von aus den Messdaten des FE-Projekts 04.188/2002/BGB rückgerechneten Schicht-E-Moduln und der damit nachvollziehbaren Abhängigkeit zur Asphalttemperatur wurden zur Spreizung des theoretisch generierten Datenkollektivs unter Anwendung des Monte-Carlo-Verfahrens (zufallsbasierte Auswahl der Modellgrößen unter Festlegung von Gleichverteilungen) theoretische Straßenmodelle angelegt und hierzu Deflexionsmulden mit dem Programm BISAR© berechnet und in einer Datenbank abgelegt. Den Deflexionsmulden wurden auf Basis der Steifigkeitsgrößen ihrer zugehörigen Straßenmodelle Steifigkeitsklassen der einzelnen Schichten zugeordnet. Mit diesen generierten und klassifizierten Deflexionsmulden können in situ gemessene Deflexionsmulden zugeordnet werden (Klassierung).

Aufgrund der Vielzahl an prinzipiell zu berücksichtigenden Faktoren wurde im Hinblick auf eine pragmatische Anwendung dieses klassifizierten Datenbestandes ein Künstliches Neuronales Netz (KNN) trainiert, welches automatisch nach den im Datenpool enthaltenen Mustern in situ ermittelte Tragfähigkeitsmessergebnisse klassiert. Damit wird aufgezeigt, wie unter Berücksichtigung einer Vielzahl an Randbedingungen (Schichtdicken, Temperaturen, etc.) eine Klassierung schnell (z.B. direkt nach Messung der Deflexionsmulde) und einfach (beispielsweise direkt vom Messtechniker) durchgeführt werden kann.

Mit der in dieser Arbeit aufgezeigten Methode konnte die Klassifizierung und deren Anwendung dargestellt werden und die Vorgehensweise des oben angegebenen Projekts mit der Zielsetzung der Erarbeitung eines umfassenden Bewertungshintergrundes fortgeführt und die dortigen Maßzahlen mit den theoretisch generierten Maßzahlen ergänzt werden.

Abstract

Method for the classification of bearing capacity data of Falling Weight Deflectometers for asphalt constructions

A variety of influence factors and their specific deviations lead in situ to a great variation of bearing capacity patterns. These patterns which are characterizing the structural conditions of road constructions can be recorded by Falling Weight Deflectometers (FWD). For the evaluation of these bearing capacity patterns and finally the structural condition of the examined road construction, synthetic bearing capacity patterns were generated based on the data and findings of the FE-Project 04.188/2002/BGB. They were added to an already existing database with measured deflection bowl data. The method of classification could be developed and shown with this database, so that bearing capacity measurement data can be included in principal e.g. into the systematics of the condition monitoring and evaluation, which are regularly carried out on highways and motorways.

Theoretical road constructions were created and through this deflection bowls generated with the software BISAR© based on backcalculated layer modulus from the measuring data of the above mentioned project and the implicit dependency to the asphalt temperature. The Monte-Carlo method was applied to spread the theoretically generated data collective (randomized selection of model characteristics based on uniform distributions). The layer moduli were classified and assigned to the deflection bowl of the corresponding road model (classification).

With regard to a pragmatic application of this classified database and due to the variety of factors which should be taken into account, artificial neural networks (ANN) were trained, which are capable to classify bearing capacity results referring to the patterns included in the data pool. In doing so classification can be carried out fast (e.g. directly after measuring) and simple (for example by the technician) under consideration of a variety of boundary conditions (layer thicknesses, temperatures etc.). With the method of classification and its application shown in this work, the approach of creating a comprehensive assessment basis (FE-Project 04.188/2002/BGB) was continued and previous reference values were supplemented with theoretically generated values.

Inhaltsverzeichnis

1 Einleitung **9**
1.1 Veranlassung 9
1.2 Zielsetzung 12
1.3 Vorgehensweise und Gliederung der Arbeit 13

2 Grundlagen **15**
2.1 Begriffsdefinitionen 15
2.2 Tragfähigkeitsbeeinflussende Faktoren 17
2.3 Messung der Tragfähigkeit mit dem Falling Weight Deflectometer (FWD) 30
2.4 Auswertung und Bewertung der Tragfähigkeit 32
2.5 Modellierung von Straßenkonstruktionen 35

3 Datengrundlage, -verarbeitung und -auswertung **39**
3.1 Angaben zur Datenbasis 39
3.2 Verwaltung und Verarbeitung der Streckeninformationen und Daten 40
3.3 Angewendete Statistik 41
3.4 Das Monte-Carlo-Verfahren 43
3.5 Prinzip von Künstlichen Neuronalen Netzen 44

4 Analyse von Tragfähigkeitsmessdaten **49**
4.1 Festlegungen zur Rückrechnung der Modellgrößen 49
4.2 Analyse des Datenkollektivs hinsichtlich der Schichtsteifigkeiten 49
4.3 Analyse des Temperatureinflusses 53

5 Generierung und Klassifizierung theoretischer Deflexionsmulden **59**
5.1 Ablauf der Generierung von Deflexionsmulden und Ergebnisse 59
5.2 Klassenbildung 66
5.3 Ergebnisse der Klassifizierung 69
5.4 Beschreibung der Klassen 73

6 Klassierung mit Künstlichen Neuronalen Netzen **77**
6.1 Vorbereitung und Training eines Künstlichen Neuronalen Netzes 78
6.2 Überprüfung des Künstlichen Neuronalen Netzes 78
6.3 Anwendungsbeispiel 80

7 Zusammenfassung und Ausblick **87**

7.1 Zusammenfassung 87
7.2 Ausblick 91

I Literaturverzeichnis   **93**

II Abbildungsverzeichnis   **105**

III Tabellenverzeichnis   **109**

A   Abkürzungen und Begriffe   **113**

B   Messsystem und -konfiguration   **121**

C   Angaben zu den Untersuchungsstrecken   **123**
C.1 A 8 - Pforzheim (101) 124
C.2 A 8 - Esslingen (104) 129
C.3 A 81 - Hegau (123) 132
C.4 K 5369 - Bottenau (141) 135

D   Vergleichswerte für die rückgerechneten Modellgrößen   **139**

E   Auflistung statistischer Basiskenngrößen   **143**

F   Angaben zum Training und zur Validierung eines KNN   **151**

G   Auflistung von Beanspruchungsgrößen   **153**

1 Einleitung

1.1 Veranlassung

Bei technisch und wirtschaftlich ausgerichteten Fragen zur Nutzungsdauer und zur Substanzwertermittlung, z.B.

- im Rahmen der Bauübergabe wie auch

- der Übergabeinspektion bei Funktionsbauverträgen und Konzessionsverträgen,

- zur Ermittlung des Anlagevermögens bei der Umstellung auf eine doppische Haushaltsführung (Eröffnungsbilanz) oder

- bei der Planung von Erhaltungsmaßnahmen,

sind neben der Erfassung von Oberflächenmerkmalen zur Beschreibung des Gesamtzustandes einer Straßenbefestigung Tragfähigkeitsuntersuchungen durch Einsenkungs-(Deflexions-)Messungen von genereller Bedeutung. Hierzu liegen nationale und internationale Erfahrungen auf Basis langjähriger Untersuchungen bei Anwendung unterschiedlicher Messsysteme vor, die auch als grundlegende bzw. spezifische Erkenntnisse dargelegt wurden. Voraussetzung für die Einbeziehung solcher Tragfähigkeitskenngrößen bei der Substanzbewertung ist aber die Schaffung eines zuverlässigen Bewertungshintergrundes.

Für Tragfähigkeitsmessungen mit dem Falling Weight Deflectometer (FWD) konnten im FE-Projekt "Erarbeitung eines Bewertungshintergrundes für Tragfähigkeitsmessungen auf Basis von Zustandsindikatoren nach JENDIA" (Roos et. al, 2008 – im Auftrag des Bundesministeriums für Verkehr, Bau und Stadtentwicklung) mit dieser Zielsetzung konzeptionell anhand der dort untersuchten Asphaltbauweisen und Bauklassen Deflexionsmuldenintervalle und Maßzahlen für empirische Tragfähigkeitskennzahlen in Form statistischer Basiskenngrößen ausgewiesen werden. Ein Beispiel ist in Abb. 1.1 angegeben.

Damit lassen sich nun Tragfähigkeitsergebnisse von Untersuchungsstrecken, die den Randbedingungen der dort untersuchten Strecken entsprechen, qualitativ einstufen. Weitergehende Ansätze zur streckenbezogenen Erfassung und Einstufung des Tragverhaltens durch Messlinienvergleich (Vergleich der Tragfähigkeit der belasteten "äußeren" Radspur mit der Fahrstreifenmitte) oder durch Wiederholungsmessungen zu erfassender struktureller Änderungen wiesen jedoch bisher keine systematischen Tragfähigkeitsunterschiede aus.

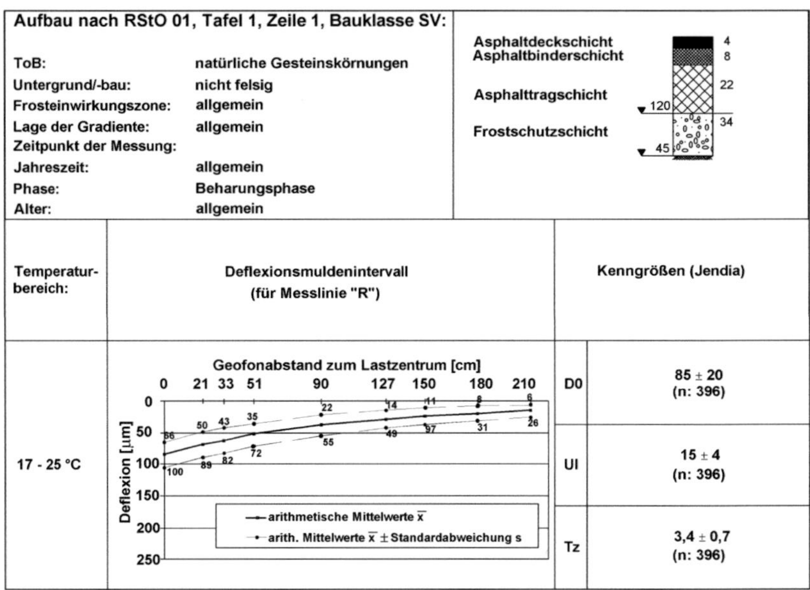

Abb. 1.1: Deflexionsmuldenintervall und Referenzmaßzahlen für die Bauweise nach RStO 01, Tafel 1, Zeile 1, Bauklasse SV; Temperaturbereich 1: 17 bis 25 °C (Roos et al., 2008)

Die in diesem Projekt ermittelten Niveaus und Streumaße der Tragfähigkeitskennzahlen unterliegen der Einschränkung, dass sie jeweils (projektbedingt) im Allgemeinen an nur zwei Untersuchungsstrecken je Bauweise und Bauklasse, d.h. anhand eines vergleichsweise geringen Datenbestandes erhoben werden konnten, sie also auch von weiteren strecken-spezifischen Randbedingungen abhängen können. So zeigte sich, dass sich neben den Unterschieden in den Bauweisen und Bauklassen z.B. die Beschaffenheit des Untergrundes bzw. Unterbaues, die tatsächlichen Schichtdicken und/oder die in der Tragschicht ohne Bindemittel (ToB) verwendeten Materialien auswirken. Aufgrund der aus den Richtlinien für die Standardisierung des Oberbaues von Verkehrsflächen (RStO; FGSV 2001b) und den genannten Faktoren ableitbaren Variantenanzahl und der demgegenüber – trotz 24 Untersuchungsstrecken – kleinen Stichprobe, ergeben sich bei den Maßzahlen Unschärfen, die bei der Bewertung zu erheblichen Unsicherheiten führen.

Für eine im Detail verlässliche Anwendung dieses Bewertungshintergrundes in der Praxis ist deshalb ein großer Datenbestand an Messdaten erforderlich, welcher analog zur ange-wandten Methode mit einer großen Anzahl von Tragfähigkeitsmessungen an einer Vielzahl unterschiedlichster Strecken und zu unterschiedlichsten klimatischen Bedingungen gewon-nen werden kann. Solange schnellfahrende Messsysteme noch nicht ihre Praxistauglichkeit bewiesen haben, kann das Ziel der Erfassung unterschiedlichster Tragfähigkeitsmuster mit dem stationär arbeitenden FWD mit verhältnismäßigem zeitlichen und wirtschaftlichen Aufwand nicht erreicht werden.

Alternative Lösungsansätze bieten theoretische Straßenmodelle, welche beispielsweise mit Modellgrößen (Schicht-E-Modul) erstellt werden können, die aus Deflexionsmulden "rückgerechnet" werden. Auch wenn bisher kaum Zusammenhänge zwischen diesen Schicht-E-Moduln und den im Labor ermittelten Materialkenngrößen hergestellt werden können (Wolf, 1998; Grätz, 1999), ist auf diese Weise mit den erstellten Straßenmodellen zumindest eine Abschätzung von Beanspruchungszuständen innerhalb der untersuchten und modellierten Fahrbahnkonstruktion möglich. Die Bewertung der Substanz der untersuchten Fahrbahnkonstruktion geschieht dann vor diesem Hintergrund.

Durch Variation der Modellgrößen kann durch "Vorwärtsrechnung" für definierte Randbedingungen die Einsenkung an der Oberfläche (theoretische Deflexionsmulden) berechnet werden, so dass – ergänzend zum Ansatz des oben angegebenen FE-Projektes – dann auch Maßzahlen für bisher noch nicht untersuchte Bauweisen und klimatische Randbedingungen für Vergleiche verfügbar sind. Durch den Vergleich mit den gemessenen Deflexionsmulden lassen sich danach Bezüge von der jeweiligen Untersuchungsstrecke zu Mehrschichtenmodellen herstellen. Damit wird letztendlich eine quantitative Beurteilung der Straßenkonstruktion im Hinblick auf deren Substanz ermöglicht.

Solch eine Substanzbewertung kann dazu beitragen, bisherige Defizite, wie sie derzeit noch z.B. im Rahmen der Zustandserfassung und -bewertung (ZEB) und den darauf aufbauenden Pavement Management Systemen (PMS) vorhanden sind, zu beheben. Diese Verfahren bewerten den Zustand der Substanz vorrangig aufgrund des Oberflächenbildes. Diese Bewertung kann allerdings bereits durch eine Oberflächenbehandlung (z.B. Dünne Schichten im Heiß- oder Kalteinbau) zu Verzerrungen führen, da hiermit zwar das Oberflächenbild, aber nicht die Substanz verbessert wird. Eine diesbezügliche Ermittlung des Anlagevermögens "Straße" kann somit zu fehlerhaften Bilanzen führen.

Im Substanzwert-Bestand (FGSV, 2003b) spielen neben dem Alter der Konstruktion und Verkehrsbelastung auch die Schichtdicken, -arten und der Verformungsmodul der letzten ungebundenen Schicht hinein. Dies stellt allerdings nur eine Bewertungsmöglichkeit für den gebundenen Teil der Straßenbefestigung dar, solange Bohrkernanalysen und Einsenkungsmessungen nicht vorhanden sind. Die zwangsläufig festgelegten Vereinfachungen haben zur Konsequenz, dass aus diesen Größen gemäß der Richtlinien für die Planung von Erhaltungsmaßnahmen an Straßenbefestigungen (RPE-Stra 01; FGSV 2002) abgeleitete Prognosen, trotz weiterer Differenzierung nach Materialien, bemerkenswert streuen (Hinsch et al., 2005).

Diese Streuungen bewirken, dass die Erhaltungsplanung insbesondere über lange Zeiträume, wie dies bei Public-Private-Partnership (PPP)-Projekten der Fall ist, zu erheblichen Unsicherheiten und damit einhergehend finanziellen Risiken führen. Ein einfacher Vergleich der mit Annahmen abgeschätzten Tragfähigkeiten mit Tragfähigkeitsmessergebnissen – wie dies mit dieser Arbeit veranschaulicht werden soll – kann Risiken erkennen und minimieren. Gerade bei solchen Projekten dürfte der daraus resultierende Nutzen die Kosten der Tragfähigkeitsmessung und der derzeit noch erforderlichen Verkehrssicherung rechtfertigen. Der Umfang der Tragfähigkeitsmessungen, vorrangig der festzulegenden Messpunktanzahl, sollte sich am Umfang der bereits vorhandenen Information zur jeweiligen Strecke und deren Güte (d.h. Aussagesicherheit) orientieren sowie der finanziellen Tragweite der auf den Substanzbewertungen aufbauenden Entscheidungen. Entsprechend statistischen Grundsätzen erhöht sich mit größeren Stichproben die Präzision der Aussage.

Die nachfolgend dargelegte Substanzbewertung könnte zukünftig in die nach Anweisung Straßeninformationsbank (ASB) Teil: Bestandsdaten (BMVBW, 2005) angelegten Datenbanken eingebunden und die zugehörigen Messdaten entsprechend des Arbeitspapiers "Tragfähigkeit" Teil D: Standardisierung von Tragfähigkeitsmessdaten (FGSV, 2008b) mit diesen Bewertungen verknüpft werden. Diese Substanzbewertungen könnten dann dazu beitragen, Entscheidungsgrundlagen für die genannten Verfahren (Erhaltungsplanung, PMS, Ermittlung des Anlagevermögens) zu präzisieren. In Analogie zu den Pavement Classification Numbers (PCN) bei Flugbetriebsflächen könnte mittelfristig damit auch für Straßenkonstruktionen ein Vergleichsstandard auf Basis der innerhalb der Konstruktion abgeschätzten Beanspruchungsgrößen erstellt werden.

1.2 Zielsetzung

Das Ziel dieser Arbeit besteht darin, im Hinblick auf die Bewertung der Substanz von Asphaltbefestigungen, eine Methode zu erarbeiten und darzulegen, die eine Klassifizierung von Tragfähigkeitsmessergebnissen (Deflexionsmulden) ermöglicht. Durch eine solche Klassifikation könnten dann auch Tragfähigkeitsmessergebnisse z.B. in die Systematik der regelmäßig an Bundesfernstraßen durchgeführten Zustandserfassung und -bewertung (ZEB) eingebunden werden.

Hierfür soll eine Generierung theoretischer Deflexionsmulden – zunächst eingegrenzt für Asphaltbauweisen auf ungebundenen Tragschichten – vorgenommen werden, um bis zum Aufbau einer umfassenden Datenbank mit Tragfähigkeitsmessdaten die Klassifizierung inklusive bisher nicht untersuchter Randbedingungen durchführen zu können. Durch den Einsatz probalistischer Verfahren (Monte-Carlo-Verfahren) sollen gleichzeitig die in der Praxis vorhandenen Streuungen abgebildet werden, so dass die dadurch in den Tragfähigkeitsmessergebnissen auftretenden Unschärfen beschrieben, interpretiert und prinzipiell genauer analysiert werden können.

Mit dem Datenpool an generierten Deflexionsmulden können durch Export in eine entsprechende Analysesoftware – prinzipiell auch in Kombination mit den Tragfähigkeitsmessdaten – Künstliche Neuronale Netze (KNN) generiert werden. Durch den Einsatz Künstlicher Neuronaler Netze soll dargestellt werden, wie die Auswertung von Tragfähigkeitsmessungen – trotz der Vielzahl zu berücksichtigender Faktoren – einfach und somit wirtschaftlich gestaltet werden kann. Trainierte Netze können beispielsweise nach einer kurzen Schulung von Messtechnikern später als "Black Box"-Werkzeug – im günstigsten Fall bereits während der Messung – angewendet und der Messablauf dann abhängig vom ausgewiesenen Ergebnis angepasst werden (z.B. Anpassung des Messpunktrasters).

1.3 Vorgehensweise und Gliederung der Arbeit

Die Vorgehensweise, welche sich in der Gliederung dieser Arbeit widerspiegelt, ist nachfolgend in Abb. 1.2 angegeben.

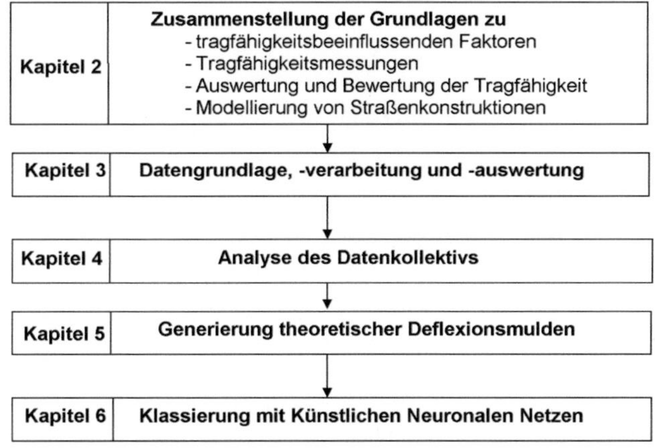

Abb. 1.2: Flussdiagramm zur Vorgehensweise und Gliederung dieser Arbeit

Im ersten Schritt werden mittels Literaturrecherche Informationen hinsichtlich des Merkmals Tragfähigkeit und diesbezüglicher Einflussfaktoren sowie der Modellierung von Straßenkonstruktionen zusammengestellt (Kap. 2). Des Weiteren ist eine Datenverarbeitung für die Organisation der Messdaten und der generierten Daten einzurichten, in der auch Künstliche Neuronale Netze eingebunden werden können (Kap. 3).

Aufbauend auf den Erkenntnissen und Daten vorheriger Projekte sollen die Niveaus und Streumaße der für die Modellierung von Straßenkonstruktionen relevanten Schicht-E-Moduln aus den FWD-Messergebnissen, welche auf Bauweisen "Asphaltschichten auf ungebundener Tragschicht (ToB)" (RStO 01, Tafel 1, Zeilen 1, 3, 4 und 5) ermittelt wurden, berechnet werden (Kap. 4). Anschließend ist mit Hilfe von Regressionsanalysen der Einfluss der nach Roos et al. (2008) maßgebenden "Standard-Asphalttemperatur" im Hinblick auf die anschließende Generierung der Deflexionsmulden mathematisch zu beschreiben.

Bezugnehmend auf die zuvor rückgerechneten Schicht-E-Moduln und zusätzlichen Angaben aus der Literatur sind zur Spreizung des theoretisch generierten Datenkollektivs unter Anwendung des Monte-Carlo-Verfahrens (zufallsbasierte Auswahl der Modellgrößen unter Zugrundelegung von Gleichverteilungen, Kap. 5)

1. Straßenmodelle (für Asphalttemperaturen von 20 °C) anzulegen,

2. auf Basis der Schichtsteifigkeiten zu klassifizieren,

3. die Asphaltsteifigkeit mit einem zuvor festgelegten Ansatz auf eine ausgewählte Asphalttemperatur umzurechnen und

4. die theoretischen Deflexionsmulden mit dem Programm BISAR © zu berechnen und in einer Datenbank abzulegen.

Anhand dieser Deflexionsmulden sollten bereits "manuelle" Zuordnungen – sogenannte Klassierungen – vorgenommen werden können.

Aufgrund der Vielzahl zu berücksichtigender Faktoren und der daraus resultierenden großen Klassenanzahl sowie aufgrund der im Modell abgebildeten Unschärfen wird im Hinblick auf eine pragmatische Anwendung dieses klassifizierten Datenbestandes der Einsatz von KNN empfohlen (Prinziperläuterung s. Kapitel 3). Auf Basis dieser Deflexionsmulden und zugewiesener Klassifikationen sind deshalb zur Veranschaulichung KNN zu trainieren, welche nach den im Datenpool enthaltenen Mustern in situ ermittelte Tragfähigkeitsmessergebnisse klassieren können (Kap. 6).

2 Grundlagen

Das vorliegende Vorhaben bindet sachlich und inhaltlich im Wesentlichen an das FE-Projekt 04.188/2002/BGB (Roos et al., 2008) an, welches selbst Bezüge zur Arbeit von Jendia (1995) und die damit in verschiedenen Projekten (Freund et al., 2001, 2002; Lackner, 1999; Wolf, 1998) gesammelten Erfahrungen aufweist. Grundsätzlich sind zudem die Ausführungen des COST 336 Endberichts (COST-Action 336, 2000) – in der Übersetzung von Fuchs (2001) – und die diesbezüglichen Arbeitspapiere (FGSV, 1994, 2008a, 2006a) zu beachten.

Im folgenden Kapitel werden die fachlichen Grundlagen zur Erfassung und Bewertung der Tragfähigkeit von Asphaltbefestigungen erläutert. Die angewandten Methoden zur Datenverarbeitung und -auswertung sind dem nachfolgenden Kapitel 3 zu entnehmen.

2.1 Begriffsdefinitionen

Die verwendeten Begriffe und Definitionen nehmen weitgehend auf die Arbeitspapiere "Tragfähigkeit" mit den Teilen A, B2 und C2 der Forschungsgesellschaft für Straßen- und Verkehrswesen (FGSV, 1994, 2008a, 2006a) Bezug.

Nachfolgend sind für ausgewählte Begriffe ihre in dieser Arbeit zugrunde gelegten Definitionen zur Gewährleistung der Eindeutigkeit und ggf. für ein besseres Verständnis angegeben:

Die Tragfähigkeit stellt im Bauwesen allgemein den Grenzzustand dar, bei dem die durch den Bemessungswert der Einwirkungen verursachten Beanspruchungen innerhalb des jeweiligen Bauteils – beschrieben durch seine Materialeigenschaften wie z.B. Steifigkeiten – gleich dem maximalen Widerstand (statische Festigkeit, Dauerschwingfestigkeit) ist. Bei der Bemessung ist nachzuweisen, dass der Widerstand größer ist als die durch die Einwirkungen verursachte Beanspruchung. Die Tragfähigkeit einer Straßenbefestigung beschreibt ihre Eigenschaft, die auf sie wirkende Belastung aufzunehmen, über ihre Schichten zu verteilen und schadlos in den Untergrund abzuleiten (Jendia, 1995). Nach den Begriffsbestimmungen der FGSV (1990) ist die *Tragfähigkeit* einer Straßenbefestigung definiert als "mechanischer Widerstand einer Straßenbefestigung gegen kurzzeitige Verformungen". Diese Verformungen ermöglichen Rückschlüsse auf die Beanspruchungszustände innerhalb der Straßenkonstruktion, welche die Grundlage der Substanzbewertung bilden. In ihrem zeitlichen Verlauf ist nach den oben angegebenen Begriffsbestimmungen die Tragfähigkeit als *Tragverhalten* definiert. Als *Substanz* ist in dieser Arbeit der Vorrat an Fähigkeiten einer Straßenbefestigung zu verstehen, Rissen und Verformungen Widerstand zu leisten (FGSV, 2003b). Sie wird bestimmt durch die Materialeigenschaften der Einzelkomponenten und die strukturellen Gegebenheiten der Gesamtkonstruktion.

Durch die Tragfähigkeitsmessung wird die Steifigkeit der Straßenkonstruktion erfasst. Die Steifigkeit ist eine Größe in der Technischen Mechanik, die allgemein den Zusammenhang zwischen der Last, die auf einen Körper einwirkt, und dessen elastischer Verformung beschreibt. Die Steifigkeit eines Körpers ist von dessen Werkstoff sowie der Geometrie abhängig. Der Elastizitätsmodul ist wiederum ein Materialkennwert aus der Werkstofftechnik, der den Zusammenhang zwischen Spannung und Dehnung bei der Verformung eines festen Körpers bei linear-elastischem Verhalten beschreibt.

Im Rahmen der hier vorgesehenen Klassifizierung werden Objekte (hier Tragfähigkeitskenngrößen) zu Klassen zusammengefasst (Abb. 2.1). Eine *Klasse* fasst danach Objekte zusammen, die einer Reihe von Bedingungen (ähnliche Steifigkeiten, Temperaturen, Schichtdicken) genügen. In einer Klasse werden im Allgemeinen Objekte zusammengefasst, die in ihren Merkmalen gleich oder ähnlich (homogen) sind. Die Klassengrenzen (auch Entscheidungsgrenzen genannt) trennen die einzelnen Klassen voneinander ab, um später entscheiden zu können, in welche Klasse ein Objekt gehört (Abb. 2.1 a,b). Die Klassifikation ist das Endprodukt einer Klassifizierung.

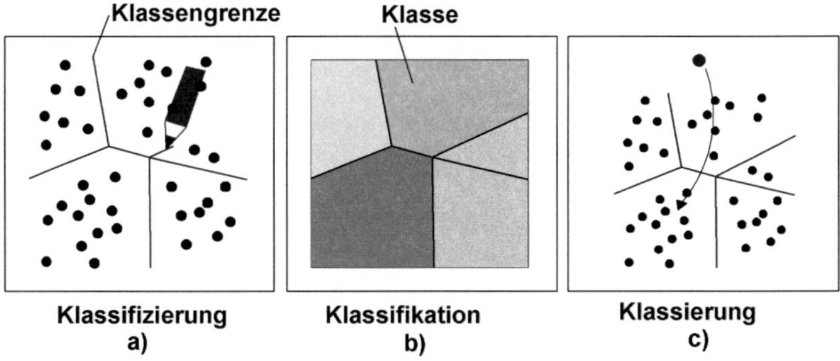

Abb. 2.1: Schematische Veranschaulichung von Klassifizierung, Klassifikation und Klassierung

Während bei der Klassifizierung die Klassengrenzen erstellt werden, ordnet die Klassierung Objekte in ein bereits bestehendes Klassensystem ein (Abb. 2.1 c). Die Unterscheidung zwischen Klassierung und Klassifizierung ist in dieser Arbeit von Bedeutung, da zunächst eine Klassifikation erstellt wird (Kapitel 4 und 5) und erst danach eine Klassierung durch KNN (Kapitel 6) vorgenommen werden kann.

Weitere Abkürzungen und Begriffe – im Text kursiv dargestellt – sind in der Anlage A definiert.

2.2 Tragfähigkeitsbeeinflussende Faktoren

Die Tragfähigkeit wird im Einzelfall in ihrer Ausprägung von einer großen Anzahl unterschiedlicher Faktoren beeinflusst. Sie sind entsprechend Abb. 2.2 in innere und äußere Einwirkungen unterteilt, wobei streng genommen die äußeren Einwirkungen wiederum mit den individuellen konstruktiven Gegebenheiten des Straßenaufbaus verknüpft sind. Einhergehend mit Alterungsprozessen bestimmen sie komplex und kumulativ den strukturellen Zustand einer Straßenkonstruktion. Zum Zeitpunkt einer messtechnischen Erfassung kann dieser Zustand unmittelbar durch definierte empirische Zustandsindikatoren – z.B. nach Jendia (1995) – und deren Zustandsgrößen beschrieben werden. Im Nachgang der Messung können mechanische Modellgrößen berechnet werden.

Auf die *Einflussgrößen*, die grundsätzlich in ihrer Gesamtheit bei der Beurteilung von Tragfähigkeitsmessergebnissen und deren abgeleiteten Kenngrößen zu berücksichtigen sind, wird nachfolgend kurzgefasst eingegangen.

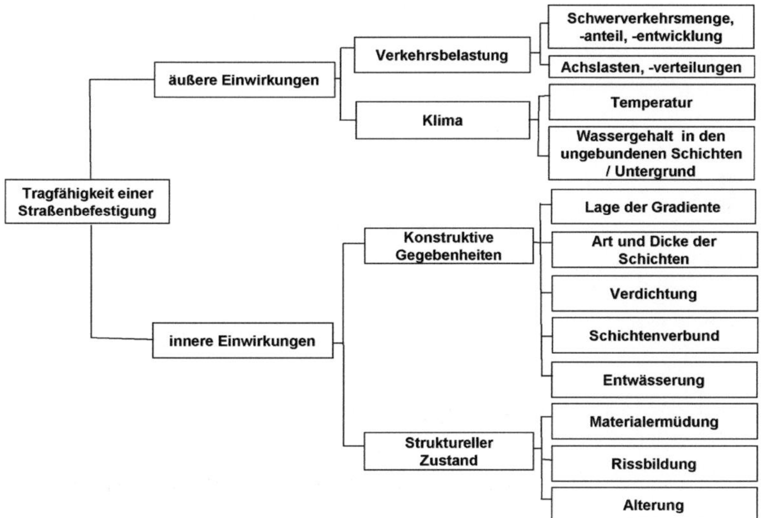

Abb. 2.2: Einflüsse auf die Tragfähigkeit einer Straßenbefestigung (gemäß Wistuba et al., 2004)

2.2.1 Verkehrsbelastung und Klima

Zu den äußeren Einwirkungen auf die Tragfähigkeit einer Asphaltkonstruktion zählen vor allem die Beanspruchungen aus Verkehr und Temperatur. Des Weiteren sind saisonale Tragfähigkeitsschwankungen der ungebundenen Schichten des Oberbaues sowie des Untergrundes bzw. Unterbaus, verursacht durch Feuchtigkeitsschwankungen, als maßgeblich anzusehen. Zu den langfristig auf die Struktur einwirkenden verkehrlichen Faktoren sind z.B. Schwerverkehrsmenge, -anteil, -entwicklung und Achslastverteilung zu zählen. Für die momentane Reaktion einer Konstruktion spielen die Größe der Radlast, Lastfläche wie auch Belastungszeit bzw. -geschwindigkeit eine wesentliche Rolle. Belastungsfrequenz und Asphalttemperaturen bestimmen das Steifigkeits-, Trag- und Verformungsverhalten der Asphaltschichten mit. Grundsätzliche Untersuchungen dazu liegen mit dem Forschungsprojekt FE 04.174 (Grätz, 1999) vor, in dem der Einfluss der Impulsbreite aufgrund der Gerätekonfiguration nicht nachgewiesen werden konnte, die Einflüsse der Impulskraft und Asphalttemperatur erfasst, aber nicht allgemeingültig beschrieben werden konnten.

Bei Tragfähigkeitsmessungen haben daher die Art und Weise der Lastaufbringung (Gewicht, Fallhöhe, Gummipufferhärte, Lastfläche, Belastungsdauer) und die Temperaturverhältnisse zum Messzeitpunkt einen entscheidenden Einfluss auf das Messergebnis. Die Lastaufbringung ist im Übrigen festzulegen, um ein hohes Maß an Wiederholbarkeit und Vergleichbarkeit bei dynamischen Tragfähigkeitsmessverfahren gewährleisten zu können. Die diesbezüglichen Vorgaben zur Größe und Dauer des Kraftstoßes des Arbeitspapiers B2 (FGSV, 2008a) ermöglichen deshalb eine einheitliche Messdurchführung und Bewertung mit dem FWD.

Temperatur

Die Tragfähigkeit von Straßenbefestigungen mit Asphaltschichten ist von der Temperatur des Asphaltes abhängig. Die Temperatur im Straßenoberbau verändert die Elastizitätsmoduln der Asphaltschichten. Die sich dadurch ändernden Deflexionsmessergebnisse des FWD sind somit durch die Temperatur beeinflusst. Deshalb ist für die Beurteilung der Messergebnisse die Kenntnis der vorherrschenden Asphalttemperaturen erforderlich.

Bei FWD-Messungen werden lediglich die Luft- und Oberflächentemperaturen automatisch an jedem Messpunkt erfasst. Direkte Temperaturmessungen werden in der Regel stationär an ausgewählten repräsentativen Stellen in verschiedenen Tiefen durchgeführt. Dies ist auch bei der Erfassung der in dieser Arbeit relevanten Daten der Fall. Sofern keine direkten Messungen in den Asphaltschichten während der Messungen durchgeführt werden können, werden verschiedene Verfahren zur Abschätzung der Asphalttemperaturen angeboten (z.B.: Park et al., 2001; Schulte, 1996; Shao et al., 1997).

Finden die Messungen nicht bei einer festgelegten Vergleichstemperatur – in Deutschland meist eine Bezugs-Oberbautemperatur von 20 °C (FGSV, 2005) –, sondern bei abweichenden Verhältnissen statt, so wird international in der Regel eine sogenannte "Temperaturkorrektur" vorgenommen. Dabei werden die Messwerte oder daraus abgeleitete Kenngrößen für Vergleiche auf die jeweiligen Referenzverhältnisse umgerechnet. Die Temperaturkorrekturverfahren sind zu unterscheiden in solche, bei denen die gemessenen Deflexionen korrigiert werden und solche, bei denen aus der Mulde abgeleitete Größen wie z.B. der E-Modul des Asphalts umgerechnet werden (Park et al., 2002; Chen et al., 2000; Chang et al., 2002; Marshall et al., 2001).

Die Anfänge der Temperaturkorrekturen bei Einsenkungsmessungen sind auf Benkelman-Messungen zurückzuführen: Bereits anlässlich des WASHO-Road-Tests im Jahr 1954 waren Untersuchungen mit dem Ziel vorgenommen worden, den Einfluss unterschiedlicher Temperaturzustände in der Straßenbefestigung auf die Einsenkungswerte zu ermitteln. Häufig wurde ein absoluter, konstanter Korrekturbetrag angesetzt. Mehrfach wurde der Einfluss der Temperatur unterhalb einer bestimmten Temperaturgrenze (15, 20 oder 25 °C) bzw. oberhalb (30 °C) als unerheblich angesehen. Durch Festlegung der genannten Grenzen für die Messung wurde somit auch keine Umrechnung der Messergebnisse für erforderlich gehalten. Ab 1962 ist in England die Entwicklung eines geschlossenen Umrechnungsverfahrens zu verfolgen, das im Laufe der Jahre ständig verbessert wurde. Auf die Umrechnung haben dabei neben der Temperatur auch die Art und Dicke der Asphaltkonstruktion sowie die Höhe der gemessenen Einsenkungswerte selbst Einfluss. In den USA wurden ab 1967 mehrere Verfahren vorgestellt, die abhängig von der Befestigungsart und -dicke bzw. der gemessenen Einsenkung additive Umrechnungsbeträge oder abhängig von der Oberbautemperatur multiplikative Umrechnungsfaktoren festlegen (Schulte, 1996).

In Deutschland führten umfassende Analysen von Schulte (1996) zum Temperaturgeschehen im Straßenoberbau und dessen Einfluss auf Ergebnisse von Einsenkungsmessungen des Benkelman-Balkens zu tabellarisch aufgelisteten Umrechnungsfaktoren bzw. Umrechnungsbeträge, welche unterteilt wurden nach Bauweisen (mit und ohne hydraulisch gebundener Tragschicht), während der Messung vorherrschenden Asphalttemperaturen sowie Asphaltschichtdicken.

Für die Umrechnung von FWD-Messdaten auf eine Bezugstemperatur wurden unterschiedliche funktionelle Zusammenhänge vorgeschlagen (Bergstedt, 1990; Ehrola et al., 1990; Horz, 1994; COST-Action 336, 2000). Gemäß COST-Action 336 (2000) sollte wegen der Temperaturauswirkungen die gemessene Deflexionsmulde umgerechnet werden, vor allem wenn sie für eine direkte Abschätzungen von Dehnungen verwendet werden soll.

Wenn jedoch Steifigkeitsmodule der verschiedenen Schichten aus den gemessenen Deflexionen abgeleitet werden, dann können nach COST-Action 336 (2000) auch die E-Modulwerte der bituminösen Schichten auf Standardbedingungen umgerechnet werden.

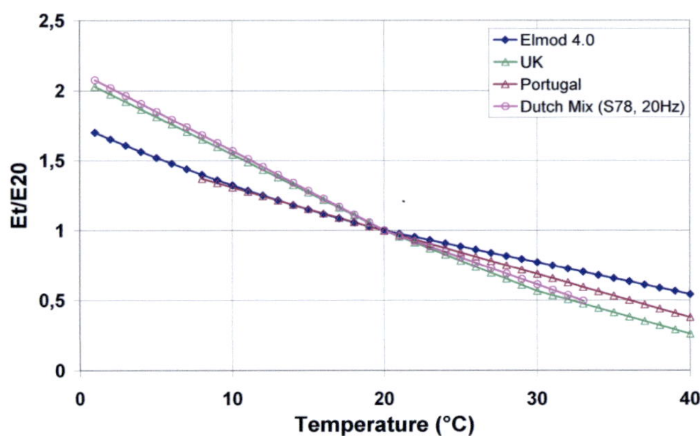

Abb. 2.3: Zusammenhang zwischen Asphaltsteifigkeit und Oberbautemperatur (COST-Action 336, 2000)

Es gibt eine Vielzahl von verfügbaren Umrechnungsmethoden. Abb. 2.3 zeigt einige der in Europa verwendeten Temperatur-Steifigkeitsbeziehungen (COST-Action 336, 2000). Die Abszisse gibt die Oberbautemperatur an, die Ordinate liefert den Korrekturfaktor, durch welchen der bei der gemessenen Temperatur errechnete E-Modul geteilt werden muss, um den E-Modul bei einer Bezugstemperatur von 20 °C zu erhalten. Für verschiedene Materialien gelten unterschiedliche Beziehungen und oft variieren diese auch mit dem Alter des Materials. Der Einfluss der Asphalttemperatur auf die Tragfähigkeit ist u.a. nach Grätz (1999) streckenspezifisch. Je weiter die Versuchstemperatur von der Standardtemperatur abweicht, um so höher ist die Unsicherheit bei den umgerechneten Steifigkeiten. Deshalb sollten die Messungen immer möglichst nahe bei der jeweiligen Bezugstemperatur durchgeführt werden.

Die in einer Asphaltschicht auftretende Temperatur ändert sich in der Regel mit der Tiefe. Somit sollte zugleich mit der Asphalttemperatur in definierten Bereichen der Temperaturgradient abgeschätzt und dessen Einfluss auf die Tragfähigkeit erfasst werden. Zwar ist der Temperaturgradient bei Asphaltkonstruktionen im Gegensatz zu Betonkonstruktionen aufgrund der unterschiedlichen Materialeigenschaften und Tragwirkung von nachrangiger Bedeutung, Ali und Selezneva (2000) konnten jedoch zeigen, dass bei der Untersuchung des Temperatureinflusses auf Tragfähigkeitsergebnisse durch die Berücksichtigung des Temperaturgradienten als erklärende Variable die Standardabweichung der Tragfähigkeitsergebnisse noch um 10 % verringert werden kann. De Almeida (1998) zeigt, wie mit theoretischen Berechnungen der Einfluss des Temperaturgradienten abgeschätzt werden kann. Bei seinen Untersuchungen führt die Berücksichtigung des Temperaturgradienten zu ähnlichen Ergebnissen bei der Rückrechnung von Schichtsteifigkeiten wie die Berücksichtigung einer äquivalenten Asphalttemperatur. Zuo et al. (2007) weist im Rahmen einer theoretischen Parameterstudie nach, dass die Berücksichtigung des Temperaturgradienten bei der Ermittlung der kritischen Zugdehnungen im Asphalt insbesondere bei Konstruktionen mit dünnen Asphaltschichten signifikanten Einfluss hat, insofern auch die prognostizierte Nutzungsdauer beeinflusst.

Auf der Grundlage der Asphalt-Rheologie ist es mit dem Verfahren nach Francken und Verstraeten oder der Shell-Methode möglich, den absoluten E-Modul von Asphalten aus konventionellem Mischgut, mit Kenntnis der Bindemittelkennwerte – auch für unterschiedliche Temperaturen – rechnerisch zu bestimmen. Danach kann der E-Modul von Asphalt als Materialeigenschaft mit einer für die Praxis ausreichenden Genauigkeit abgeschätzt werden (FGSV, 2006c). In der vorliegenden Arbeit handelt es sich jedoch vorrangig um "Schichtsteifigkeiten". Diese systemrelevante Eigenschaft wird neben den Materialeigenschaften auch von weiteren Faktoren wie z.B. Schichtenverbund oder den Wechselwirkungen der Schichtsteifigkeiten untereinander beeinflusst. Die Schichtsteifigkeit, später ausgedrückt durch den Schicht-E-Modul, stellt bis auf Weiteres eine abstrakte Modellgröße dar, da systematische Bezüge zu den tatsächlichen Materialeigenschaften noch nicht ermittelt werden konnten (Wolf, 1998; Grätz, 1999).

Der Einfluss der Temperatur auf die Steifigkeit der Tragschichten ohne Bindemittel (ToB) bzw. der Böden ist, zumindest bei positiven Temperaturen, vernachlässigbar klein. Im negativen Temperaturbereich kann die Steifigkeit dieser Materialien bei einer Temperatur von $T = -10\,°C$ um den achtfachen und bei $T = -5\,°C$ um den vierfachen Betrag des E-Moduls bei $T = 0\,°C$ ansteigen. Diese Steigerungen sind auf die Frosteinwirkung bzw. die verfestigende Wirkung des Eises zurückzuführen (von Becker, 1976). Auch bei Temperaturen bis ca. $5\,°C$ sind nach Frostperioden Einflüsse auf den E-Modul der ToB bzw. Böden infolge von Resten gefrorenen Wassers möglich. Zwischen 9 und 23 °C werden nach Hothan et al. (1999) vernachlässigbare Unterschiede in den E-Moduln ungebundener Materialien festgestellt. Es ist jedoch anzumerken, dass die Steifigkeit von ungebundenen Schichten streng genommen spannungsabhängig ist (Wellner und Gleitz, 1998). Dies führt dazu, dass bei einer Reduzierung der Asphaltsteifigkeit infolge hoher Temperaturen und den damit einhergehenden höheren Beanspruchungen der Unterlagen mit einer Erhöhung ihrer Steifigkeit zu rechnen ist, insofern eine indirekte Temperaturabhängigkeit besteht. Hydraulisch gebundene Tragschichten sind hinsichtlich ihrer E-Moduln von Temperaturschwankungen nahezu unabhängig (Hothan et al., 1999).

Um Beeinflussungen durch Frosteinwirkungen auszuschließen, finden Messungen vereinbarungsgemäß bei Asphalttemperaturen $> 5\,°C$ statt, wobei vorherrschende klimatische Randbedingungen zu berücksichtigen sind. Nach oben sollten gemäß Arbeitspapier B2 (FGSV, 2008a) für die Messungen Maximaltemperaturen von 30 °C nicht überschritten werden.

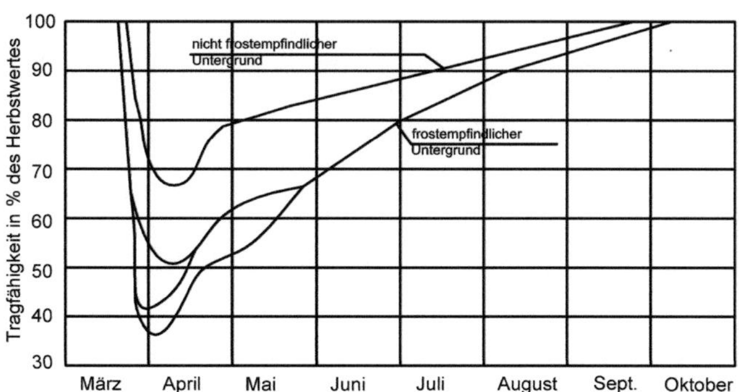

Abb. 2.4: Schematische Darstellung der Änderungen der Tragfähigkeit einer Straße mit der Jahreszeit in Abhängigkeit von der Untergrundtragfähigkeit (Jessberger und Laue, 1992)

Wassergehalt in den ungebundenen Schichten

Bei grobkörnigen Böden – wie sie z.B. in den ungebundenen Schichten im Oberbau Anwendung finden – treten nach Wellner und Wiehler (2005) keine wesentlichen Wassergehaltsschwankungen und damit auch keine dadurch hervorgerufenen Tragfähigkeitsschwankungen auf.

Bei frostempfindlichem Untergrund/ -bau kann nach Jessberger und Laue (1992) während der Tauperiode die Tragfähigkeit der gesamten Straßenbefestigung auf ca. 40 % des Wertes absinken, welche im Sommer oder Herbst vorhanden ist (Abb. 2.4).

Böden, die nach ZTV E-StB (FGSV, 1997) als frostempfindlich einzustufen sind, "saugen" während der Frostperiode Wasser auf, geben dieses in der Tauperiode jedoch nicht ab (Hothan et al., 1999). Gemäß Arbeitspapier B2 (FGSV, 2008a) ist die Auftauperiode im Frühjahr hinsichtlich der Tragfähigkeit deshalb im Besonderen zu berücksichtigen.

Neben den Materialien des Untergrundes bzw. der ToB spielen die hydrologischen Bedingungen eine große Rolle. Ungünstige hydrologische Wasserverhältnisse liegen nach ZTV E-StB (FGSV, 1997) vor, wenn

- Grundwasser während der Frostperioden dauernd oder nur zeitweise höher als 2 m unter Planum vorkommt oder

- Wasser von angrenzenden Bereichen seitlich (z.B. von Nebenstreifen, Mittelstreifen) oder durch den Oberbau dem frostempfindlichen Boden zusickern kann.

Eine deutliche Herabsetzung der Tragfähigkeit, bedingt durch klimatische Faktoren, kann durch eine unzulängliche Entwässerung (z.B. schnelle Erhöhung der Grabensohle infolge

Erosion der Böschungsflächen; Versagen der Vorflut; Verstopfen der Durchlässe) hervor-gerufen bzw. verstärkt werden. Grundsätzlich ist hierbei auch die Lage der *Gradiente* zu beachten (s. Kap. 2.2.2).

In Zusammenhang mit dem Wassergehalt in den ungebundenen Schichten steht wiederum die Frosteinwirkung. Während des Gefrierens kann die im Untergrund stattfindende Eislin-senbildung je nach Bodenart und äußeren Bedingungen (Klima, Oberflächenbeschaffenheit, Befestigungsdicke) mehr oder weniger starke Hebungen an der Straßenoberfläche ver-ursachen. Allgemein ist festzustellen, dass zwischen Frosthebung durch Gefrieren und Steifigkeitsverlust während des Auftauens eine direkte Wechselbeziehung besteht, wenn auch nicht vom Vorhandensein großer Frosthebungen unmittelbar auf den Umfang der zu erwartenden Auftauschäden geschlossen werden kann. Das heisst, die Steifigkeit einer Straßenbefestigung wird während des Auftauvorganges durch dieselben Klima-, Wasser- und Bodenverhältnisse beeinflusst, welche auch für die Frosthebungen verantwortlich sind. Hebungen sind bevorzugt im Übergangsbereich vom Damm zum Einschnitt zu erwarten (von Becker, 1976).

2.2.2 Konstruktive Gegebenheiten

Lage der Gradiente, Art und Dicke der Schichten

Die Tragfähigkeit einer Straßenkonstruktion wird von der Aufbaukonstellation der Befesti-gung (Schichtdicken, Steifigkeit der Unterlage) und durch das Materialverhalten der einzel-nen Schichten mitbestimmt. Prinzipiell ist zu berücksichtigen, dass hinsichtlich der Lage der Straße im Gelände die Steifigkeitsverminderung während des Auftauens in Einschnitten und Senken aufgrund meist ungünstigerer Entwässerungsverhältnisse größer ist als in Damm-bereichen (von Becker, 1976; Lottmann et al., 2004). Die Steifigkeit der einzelnen Schichten wird von folgenden Parametern beeinflusst:

- Korngrößenverteilung und Gesteinsart(en)

- Art und Sorte der Bindemittel

- Mischgutzusammensetzung

- Verdichtung der Schichten (s.u.)

Materialverhalten – durch diese Parameter festgelegt – und Schichtdicke beeinflussen die Spannungsverteilung in der Befestigung. Je dicker und steifer eine Schicht ist, desto besser ist die Spannungsverteilung der Schicht, desto höher wird aber auch die Beanspruchung dieser Schicht. Darunter liegende Schichten werden dann geringer beansprucht. Je dünner und weniger steif Schichten sind, desto geringer wird deren Beanspruchung. Darunter liegende Schichten müssen dann höhere Beanspruchungen ertragen (Hothan et al., 1999).

Die in den technischen Vorschriften niedergelegten Anforderungen für die Untergrundböden und die einzelnen Schichtmaterialien sollen sicherstellen, dass der Verkehr im Bemessungszeitraum keine oder nur vernachlässigbar kleine bleibende Verformungen infolge Nachverdichtung oder Materialverschiebung bewirkt (von Becker, 1976). Eine ausreichende Verdichtung soll zudem sicherstellen, dass durch die äußere Last erzeugte Spannungen und Dehnungen in den einzelnen Schichten die für den festgelegten Bemessungszeitraum bestimmten Maximalwerte nicht überschreiten.

Verdichtung

Nach Schwabbaur et al. (2002) stellt sich der Zusammenhang zwischen dem Verformungsmodul und der Verdichtung als außerordentlich kompliziert dar. Bodenspezifische Einflussfaktoren sind bei nichtbindigen Böden neben der Belastungsart und der Belastungsgeschwindigkeit auch die Kornabstufung, die Kornform, die Kornelastizität, die Verspannung des Korngerüstes, die Materialverfeinerung bei Dauerwechselbeanspruchung und die Kornzertrümmerung spröder oder poröser Materialien. Untersuchungen zum elastischen und plastischen Spannungs-Verformungsverhalten von Straßenbaustoffen ohne Bindemittel verfolgen u.a. das Ziel, Beanspruchungsgrenzen zur Vermeidung von Schäden infolge Materialverfeinerungen/Kornzertrümmerungen bei Dauerbelastungen zu definieren (Wellner und Gleitz, 1998; Wellner und Werkmeister, 2000). Für bestimmte nichtbindige Korngemische wird jedoch verdeutlicht, dass der Verformungsmodul mit zunehmendem Verdichtungsgrad immer stärker ansteigt. Eine Erhöhung des Verdichtungsgrades von 95 auf 98 % verursacht z.B. beim sandigen Kies eine Zunahme des Verformungsmoduls E_{v2} um 35 MPa von 100 auf 135 MPa und bei einer Erhöhung des Verdichtungsgrades D_{pr} von 100 auf 103 % eine Steigerung des E_{v2}-Wertes um 50 MPa von 160 auf 210 MPa (Schwabbaur et al., 2002). Nach Voss können bei Verdichtungsgraden von 106 % sandige Kiese einen Verformungsmodul E_{v2} von etwa 300 MPa erreichen.

Bei der Durchführung von Plattendruckversuchen kann beobachtet werden, wie sich der ungebundene Boden neben der Lasteinleitungsfläche bei Belastung mehr oder weniger stark anhebt. Durch eine auf der ungebundenen Unterlage aufliegende Befestigungsschicht wird diese Hebung vermindert bzw. verhindert. Dieses Phänomen, das von Wellner (1993) als "Überbauungseffekt" bezeichnet wird, bewirkt ein Anwachsen des Verformungswiderstands bzw. der Tragfähigkeit des Untergrunds. Die Abhängigkeit der Tragfähigkeit der Unterlage von der Steifigkeit der darüber liegenden Schicht konnte von Wellner und Queck (1992) experimentell nachgewiesen werden.

Untersuchungen an Betonfahrbahnen (Freund et al., 1999) ergaben nach Liegezeiten von 10 Jahren für Schottertragschichten E_{v2}-Werte von 308 bis 494 MPa bei Verdichtungsgraden von 105 bis 109 %. Wechselwirkungen zwischen den Schichtsteifigkeiten und Abhängigkeiten von deren Größenordnungen sind aufgrund von Untersuchungen des Instituts für Straßen- und Eisenbahnwesen (ISE) der Universität Karlsruhe (TH) darüber hinaus anzunehmen (Freund und Koch, 2002).

Schichtenverbund

Für die Dauerhaftigkeit und die Größe der Deflexion einer Straßenbefestigung hat im Übrigen der Schichtenverbund maßgebenden Anteil. Durch fehlenden Schichtenverbund im Asphaltoberbau werden aufgrund fehlender Schubkraftübertragung an den Schichtgrenzen größere Biegezugspannungen erzeugt als mit Schichtenverbund. Infolgedessen können frühzeitige Biegerisse verursacht werden. Unter der Voraussetzung gleicher maximaler Einsenkungen/Deflexionen ist der Krümmungsradius der Einsenkungs-/Deflexionslinie an der Oberfläche einer Straßenbefestigung bei fehlendem Schichtenverbund kleiner als bei einer Straßenbefestigung mit Schichtenverbund (Hothan et al., 1999). Daraus lässt sich ableiten, dass bei Einsenkungsmessungen an Straßenaufbauten einerseits die Kenntnis des Krümmungsradius für die Interpretation der Ergebnisse der Tragfähigkeitsuntersuchungen von großer Bedeutung ist (Wistuba et al., 2004), andererseits aber auch – neben den Schichtdicken – die Verbundwirkung erfasst sein müsste.

Untersuchungen bezüglich des Schichtenverbunds mit dem FWD wurden von Hakim (2002) durchgeführt, welcher in Kombination mit Impulsradarmessungen und Bohrkernentnahmen plausible Zusammenhänge zwischen den FWD-Ergebnissen und den gewonnenen Erkenntnissen aus Bohrkernen herausfand.

Entwässerung

Aus Sicht der praxisbezogenen Schadensanalytik an Straßen kommt der Funktion der Entwässerungseinrichtungen sehr große Bedeutung zu, da Funktionsausfälle in den Entwässerungseinrichtungen schon nach einigen Monaten zu gravierenden Schäden führen können (Straube, 1996).

Zeitgleich zu den Tragfähigkeitsmessungen ist deshalb zur Beurteilung der Entwässerungssituation auf folgende Merkmale zu achten:

- Setzungsschäden mit Netzrissbildung

- Zustand seitlicher Gräben

- Zustand von Grabendurchlässen

- Höhenlage von Straßenabläufen

- Schwebstoffsedimente bei Abläufen, Rinnen und an Banketträndern

- Unterbrechungen des Quergefälles am Fahrbahnrand durch hochgewachsenes Bankett oder durch Längsrinnen zwischen Bankett und Fahrbahnrand

2.2.3 Struktureller Zustand

Materialermüdung, Rissbildung und Alterung

Der strukturelle Zustand einer Straßenkonstruktion hat maßgebenden Einfluss auf die Ergebnisse von Tragfähigkeitsmessungen. Dabei spielen neben den sichtbaren Schäden an der Fahrbahnoberfläche (z.B. Risse) auch visuell nicht erkennbare Mängel (z.B. fehlender bzw. gelöster Schichtenverbund) eine bedeutende Rolle.

Nach von Becker (1976) kann aufgrund einer Steifigkeitsänderung der Fahrbahnkonstruktion über die Nutzungsdauer hinweg diese in sogenannte *"Betriebsphasen"* eingeteilt werden. Mit Abb. 2.5 wird danach das unterschiedliche Verformungsverhalten während der Bauphase und der Nutzung schematisch veranschaulicht. Insbesondere ist bei Tragfähigkeitsmessungen und deren Interpretation der Zeitraum der Konsolidierung zu beachten und formal zu trennen von der Beharrungsphase (von Becker, 1976). Grundsätzliches Anliegen ist es, die strukturelle Veränderlichkeit der Konstruktion bis zum Übergang in die Ermüdungsphase zu kennen, die selbst wiederum unterschiedliche Bilder aufweisen kann. Der Übergang in die Ermüdungsphase tritt erst allmählich ein und ist nicht zeitpunktgenau zu erheben.

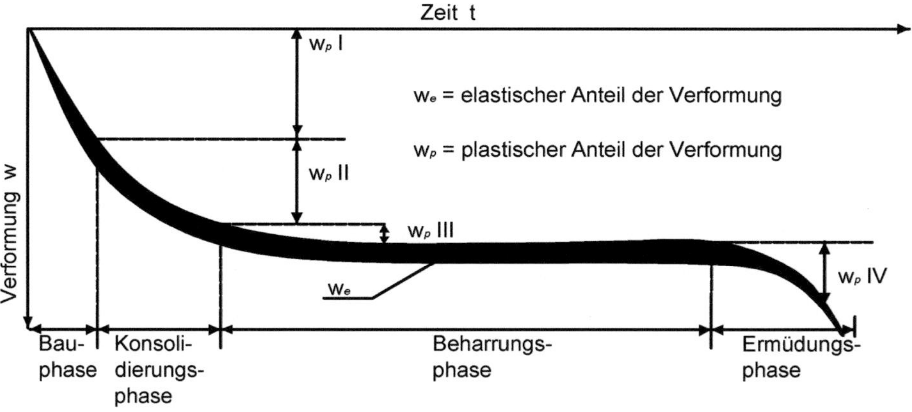

Abb. 2.5: Verformungsverhalten der Oberfläche einer Straßenbefestigung (Durth und Grätz, 1996)

Prinzipiell werden bei der Beurteilung des strukturellen Zustands von Asphaltbefestigungen im Rahmen der regelmäßig durchgeführten Zustandserfassung und -bewertung (ZEB) (FGSV, 2001a) unterschiedliche Schadensbilder herangezogen (Flickstellen, Spurrinnen, etc.). Für Tragfähigkeitsmessungen sind primär Risse und Unebenheiten von besonderer Bedeutung. Risse in der Straßenkonstruktion verhindern das Übertragen von Zugspannungen. Infolge von Spannungskonzentrationen bilden sich unter Belastung neue Risse und vorhandene gehen weiter auf (Wistuba et al., 2004), so dass mit einer progressiven Schadenszunahme zu rechnen ist.

Als Risse werden einzelne, gehäufte oder netzartig verbundene feine bis klaffende Brüche in den gebundenen Oberbauschichten bezeichnet. Nach ihrer Ausprägung und Erscheinungsform werden Einzelrisse, Risshäufungen und Netzrisse unterschieden (Abb. 2.6) (Krause, 2000).

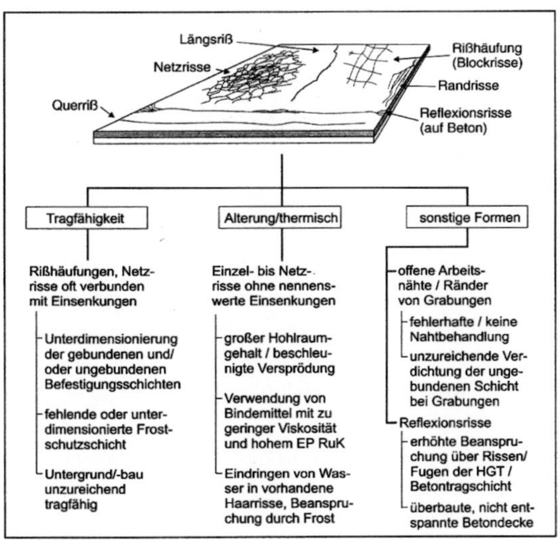

Abb. 2.6: Rissbilder und Ursachen der Rissbildung bei Asphaltkonstruktionen (Krause, 2000)

Die Ursachen von Rissen sind vielfältig und oftmals nicht genau voneinander abzugrenzen. Auf der Grundlage der Ursachen lassen sich Risse als Folge von Tragfähigkeitsmängeln und Alterung bzw. thermisch bedingte Risse und sonstige Formen, meist Einzelrisse, in verschiedene Rissarten unterteilen (Tab. 2.1) (Krause, 2000).

Tragfähigkeitsrisse sind häufig mit Einsenkungen (Unebenheiten in Längsrichtung) verbunden. Durch plastische und elastische Verformungen entstehen Beanspruchungsspitzen an der Unterseite der Asphaltbefestigung, die durch Überschreiten der Zugfestigkeit des Materials Rissbildung auslösen (Krause, 2000).

Schadensmerkmal	Auslösender Faktor	Hauptursachen	Zeitpunkt des Auftretens	Auswirkung auf	
				Gesamt-steifig-keit	Lebens-dauer
Querrisse (Reflexionsrisse)	Klima	Schwindrisse in den, unter der Decke liegenden hydraulisch gebundenen Schichten	Betriebs-phase	- 1)	-
Querrisse (Temperaturrisse)	Klima (tiefe Temperaturen)	Plastizität des bituminösen Mischgutes	Frost-periode	- 2)	- 2)
Längsrisse (Temperaturrisse)	Klima (Frosthebung)	Frostempfindlicher Untergrund, ungünstige hydrologische Bedingungen, ungenügende Befestigungsdicke	Frost-periode	-	-
Biegerisse (Längs- und Querrisse)	Verkehrsintensi-tät, Achslast	Schwachtragfähiger Untergrund, ungenügende Befestigungsdicke, Biegezugfestigkeits-überschreitung der bituminös gebundenen Schichten	Betriebs-phase	-	-
Ermüdungsrisse (Netzrisse)	Verkehrsintensi-tät, Achslast	Scherfestigkeitsüberschreitung einer oder aller Befestigungsschichten bzw. des Untergrundes, Alterung des Deckenmaterials	Ermüdungs-phase	- 3)	-

-: negative Auswirkungen
1) Nur in Nähe der Reflexionsrisse in fortgeschrittenem Stadium
2) Bei den in der Bundesrepublik Deutschland vorherrschenden Bedingungen nicht zu erwarten
3) Nur bei den von der "Ermüdung" betroffenen Schichten

Tab. 2.1: Rissarten (von Becker, 1976)

Anzumerken ist, dass Kerben in hydraulisch gebundenen Tragschichten in ihrer Wirkung Querrisse darstellen, somit bei der Interpretation von Messergebnissen auf betreffenden Untersuchungsabschnitten auch Berücksichtigung finden müssen. Sofern deren Lage feststeht, sind dort ermittelte Ergebnisse von anderen abgrenzbar. Andernfalls erhöhen sich die Streumaße um die Anteile aus diesen Gegebenheiten (Krause, 2000).

Von Grenier und Konrad (2002) wurde der Einfluss von Rissen auf FWD-Messergebnisse systematisch untersucht. Als Fazit wurde berichtet, dass der Einfluss bis zu einer Entfer-nung von 600 mm zur Lastplatte maßgebend ist.

Unebenheiten

Unebenheiten werden untergliedert nach ihrer Ausrichtung in Quer- und Längsunebenheiten (Abb. 2.7 und 2.8). In Längsrichtung haben unregelmäßige plastische Verformungen ver-schiedener Schichten (Abb. 2.7) ihre Ursachen meist in den ungebundenen Schichten oder im Zusammenwirken des gesamten Oberbaues (Unterdimensionierung), seltener im gebun-denen Paket allein. Liegt die Ursache in einer zu geringen Bemessung der ungebundenen Schichten, übersteigt die Belastung (Druckspannung an der Oberfläche) der ungebundenen Schichten oder des Untergrundes den Verformungswiderstand und es treten Verformungen der gesamten Befestigung auf (Krause, 2000).

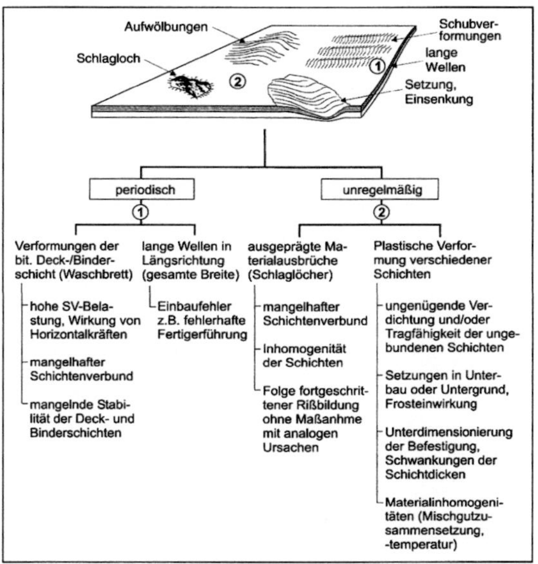

Abb. 2.7: Ursachen von Unebenheit in Längsrichtung (Krause, 2000)

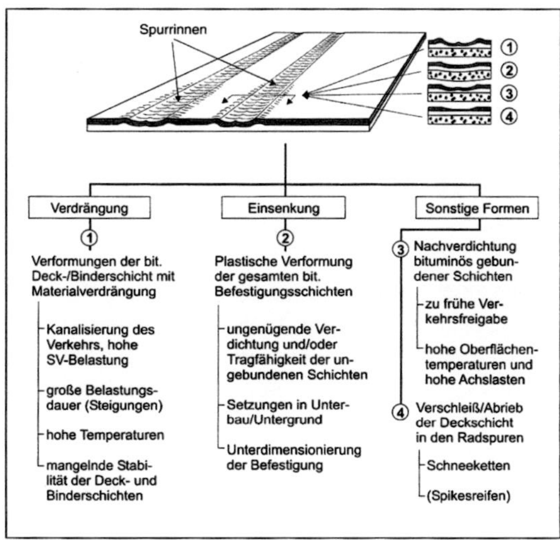

Abb. 2.8: Ursachen von Unebenheit in Querrichtung (Krause, 2000)

Rinnenförmige Verformungen (in Querrichtung; Abb. 2.8) der gesamten Befestigung infolge Unterdimensionierung oder ungenügender Tragfähigkeit der ungebundenen Schichten oder des Unterbaus/Untergrunds treten bei neuzeitlichen, standardisierten Bundesstraßen und Autobahnen relativ selten auf. Sie sind jedoch an Altbefestigungen noch anzutreffen (Krause, 2000). Auch Untersuchungen von Lackner (1999) zeigen, dass ein Zusammenhang zwischen Ebenheit und Tragfähigkeit allenfalls in solchen Fällen besteht. In Schweden wurde von Wiman (2006) eine sehr gute Korrelation zwischen der Spurrinnenentwicklung und den gemessenen Werten des FWD nachgewiesen.

2.2.4 Fazit

Bisherige statistische Analysen hinsichtlich vorab genannter tragfähigkeitsbeeinflussender Faktoren wie Lage der Gradiente, Alter/Verkehrsbeanspruchung und Jahreszeit führten bisher zwar zu für den Einzelfall relevanten, jedoch nicht zu allgemeingültigen Aussagen. Allgemeine Schlussfolgerungen ließen sich nur bezüglich des Temperatureinflusses ziehen.

Bei der computergestützten Auswertung und Bewertung von Tragfähigkeitsmessergebnissen können deshalb bisher nur der Straßenaufbau (Schichtdicken) und die Asphalttemperatur Berücksichtigung finden. Es bleibt weiterhin die Aufgabe eines Ingenieurs, die in diesem Kapitel "Grundlagen" angegebenen Faktoren bei der Interpretation der ausgewerteten (klassierten) Tragfähigkeitsmessergebnisse zu berücksichtigen und für den jeweiligen Einzelfall die maßgebenden Faktoren (z.B. Schichtenverbund, Wasser in den ungebundenen Schichten) zuzuordnen. Im Zweifelsfall sind zusätzliche Untersuchungen (Georadarmessungen, Materialuntersuchungen im Labor, Aufschlüsse) zur Präzisierung der Einschätzungen vorzunehmen.

2.3 Messung der Tragfähigkeit mit dem Falling Weight Deflectometer

Die Tragfähigkeit wird in Deutschland im Wesentlichen mit dem Benkelman-Balken und dem Falling Weight Deflectometer (FWD) erfasst (FGSV, 1994). Schnellfahrende Messsysteme sind derzeit noch in der Erprobung (Hildebrand und Rasmussen, 2002). Aufgrund der Schnelligkeit in der Anwendung, der Variabilität in der Belastung und der guten Wiederholpräzision hat sich der Einsatz von FWD bewährt (Hothan et al., 1999).

Das zur Erfassung der hier relevanten Tragfähigkeitsmessergebnisse eingesetzte FWD des Typs "Phønix PRI 1509" (Anlage B) ist ein dynamisch wirkendes Messsystem. Der Kraftstoß wird durch ein Fallgewicht erzeugt, das am Messpunkt aus definierter Höhe herabfällt. Die Größe des Kraftstoßes ergibt sich aus der Anzahl der eingesetzten Massesegmente sowie der stufenlos wählbaren Fallhöhe und der Härte der Gummipuffer. Im Straßenbau wird in aller Regel mit einer Standardbelastung von 50 kN gearbeitet. Die durch die dynamische Belastung verursachte Reaktion bzw. Deflexion an der Fahrbahnoberfläche (Abb. 2.9) wird in der Regel mit 7 bis 9 Messwertaufnehmern (Geofonen) erfasst. Die an jedem Messpunkt anfallenden Messgrößen wie zeitlicher Kraftverlauf, Maximalkraft, Impulsdauer, Deflexionen an allen Geofonpunkten, Temperaturen (Luft, Straßenoberfläche) und Stationierung werden für die weitere Auswertung gespeichert.

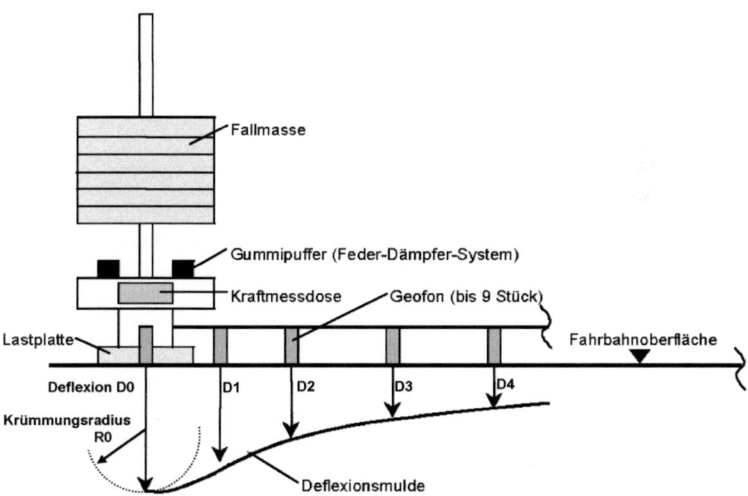

Abb. 2.9: Prinzip der Erzeugung und Messung der Deflexionsmulde auf Asphaltbefestigungen mit dem FWD (schematisch) (FGSV, 2008a)

Der Messablauf ist vollautomatisch und wird nach Positionierung des FWD über dem jeweiligen Messpunkt vom Zugfahrzeug aus mittels Laptop gestartet. Dazu werden alle notwendigen Eingaben wie Fallhöhe und die Anzahl der Kraftstöße vorgenommen. Diese Einstellungen bleiben erhalten, soweit die Messaufgabe keine Änderungen erforderlich macht, sodass am nächsten Messpunkt der Messablauf mit nur einem Tastendruck erneut begonnen wird. So können an einem Tag bis zu 300 Messpunkte gemessen werden (FGSV, 1994).

Die Messpunkte werden stichprobenartig mittels einfacher Zufallsauswahl, meist mit äquidistanten Messpunktabständen, festgelegt. Sofern detaillierte Informationen zur Untersuchungsstrecke in Form von homogenen Abschnitten vorliegen, können die Messpunkte durch geschichtete Zufallsauswahl so festgelegt werden, dass für statistische Analysen für jeden Abschnitt eine ausreichende Anzahl an Fällen vorliegt. Die Messpunktabstände liegen je nach Homogenität der Strecke in der Regel zwischen 10 und 100 m. Weitere Einzelheiten zur Messdurchführung und Vorgaben sind dem Arbeitspapier "Tragfähigkeit" Teil B2 (FGSV, 2008a) zu entnehmen.

2.4 Auswertung und Bewertung der Tragfähigkeit

Grundsätzlich können die Deflexionsmulden selbst miteinander verglichen werden, um pauschale Einschätzungen im Hinblick auf Abweichungen, die auf Besonderheiten an der jeweiligen Messstelle hinweisen, vorzunehmen. Dies sollte prinzipiell zeitnah geschehen. Die Deflexionsmulde kann mit den an den jeweiligen Geofonpositionen ermittelten Werten quasi als Polygonzug angesetzt oder durch eine mathematische Approximation, d.h. optimalen Anpassung einer oder mehrerer mathematischen Funktionen an die gemessene Deflexionsmulde, beschrieben werden.

In der Regel werden bisher für Vergleiche vereinfacht Deflexionsmuldenparameter herangezogen (z.B. Deflexion D0 im Lastzentrum). Werden diese Zustandsindikatoren nicht direkt aus den gemessenen Deflexionen, sondern aus der mathematischen Approximation ermittelt, können diese in jedem Einzelfall von der erreichten Güte der Approximation erheblich beeinflusst sein.

Nach Jendia (1995) ist eine Bewertung der bei einer Standardbelastung von 50 kN erzeugten Deflexionsmulden und eine weitere Einschätzung der Tragfähigkeitseigenschaften von Asphaltkonstruktionen anhand der Tragfähigkeitszahl Tz und des Untergrundindikators UI möglich. Die maßgeblichen Parameter, ihre Definition sowie ihre Bedeutung für Asphaltkonstruktionen sind in Tab. 2.2 zusammengefasst. Im Arbeitspapier "Tragfähigkeit" C2 (FGSV, 2006a) ist die Ermittlung der Zustandsindikatoren nach Jendia (1995) grundsätzlich beschrieben.

Mithilfe der aus der Halbraumtheorie abgeleiteten Tragfähigkeitszahl Tz können für flexible Straßenbefestigungen die Verformungseigenschaften der gebundenen Schichten (Zustandsindikator R0) und der Unterlage (Zustandsindikator D0) durch eine einzige Größe erfasst werden. Die untersuchte Straßenbefestigung ist um so tragfähiger, je höher die Tragfähigkeitszahl Tz ist.

Neben diesem Verfahren haben auch Grätz (2001) sowie Hothan und Schäfer (2004) Tragfähigkeitskenngrößen, die auf mechanischen Modellen aufbauen, in Deutschland vorgeschlagen, auf die in dieser Arbeit jedoch nicht weiter eingegangen wird.

Grundsätzlicher Nachteil dieser Größen ist, dass bei der Berechnung der Kennzahlen in der Regel nur Teile der gemessenen Deflexionen herangezogen werden und deshalb die übrigen Informationen unberücksichtigt bleiben. Außerdem können mit diesen empirischen

Parameter	Einheit	Definition	Bedeutung
$D_{0,1}$	[μm]	Deflexionsdifferenz $(D_{(0\ mm)} - D_{(210\ mm)})$	Für den Zustand der gebundenen Schichten im Hinblick auf Ermüdung (Risse) und Schichtenverbund
R0	[m]	Krümmungsradius im Lastzentrum	
D0	[μm]	Deflexion im Lastzentrum	Für die Tragfähigkeit der Unterlage (ungebundene Schichten)
$D_{4,6}$	[μm]	Deflexionsdifferenz $(D_{(900\ mm)} - D_{(1500\ mm)})$	Für die Tragfähigkeit des Untergrundes bzw. Unterbaues (*)
UI	[μm]	Untergrund/ Unterbau Indikator	
$Tz = \left(\frac{R0}{D0}\right)^{0,5}$	[-]	Tragfähigkeitszahl	Für die Tragfähigkeit der gesamten Straßenbefestigung (*)

(*) Anmerkung: Als „gesamte Straßenbefestigung" werden die gebundenen wie auch die ungebundenen Schichten verstanden, die dem Oberbau zuzuordnen sind, ohne dass eine Abgrenzung zum Planum hin möglich ist. Ebenso kann der Untergrundindikator UI in Fällen großer Konstruktionsdicken auch für die ungebundenen Teile des Oberbaus aussagekräftig sein.

Tab. 2.2: Parameter zur Beurteilung der Tragfähigkeit von Asphaltkonstruktionen nach Jendia (1995)

Größen nicht unmittelbar Beanspruchungsgrößen berechnet werden.

International weit verbreitet ist die Rückrechnung von Schicht-E-Moduln. Mithilfe eines linear-elastischen Mehrschichtenmodells werden unter Annahme einer statischen Belastung, Isotropie und eines unendlich ausgedehnten Halbraumes als Untergrund die Schicht-E-Moduln der einzelnen Schichten so lange variiert, bis eine optimale Anpassung der gemessenen Deflexionsmulde mit der berechneten Deflexionsmulde – zahlenmäßig ausgedrückt z.B. mit Gl. 2.1 von Stet (2000) – erreicht wird.

$$FIT\% = \sqrt{\sum_{i=0}^{n}[(\frac{\delta_{mi} - \delta_{ci}}{\delta_{mi}}) \cdot \frac{\delta_{mi}}{\delta_{m0}}]} \times 100 \quad [\%] \tag{2.1}$$

FIT%   prozentuale Abweichung der rückgerechneten zur normalisierten Deflexionsmulde (Abweichungsgrad)

i   Geofonposition (Lastzentrum i=0)

n   Anzahl Geofone [-]

δ_{mi} normierter Messwert der Deflexion an der Position i [μm]

δ_{ci} rückgerechnete Deflexion an der Position i [μm]

δ_{m0} normierter Messwert der Deflexion D0 im Lastzentrum [μm]

Allerdings kann die Rückrechnung bei Mehrschichtenmodellen nach Grätz (2001) bereits ab drei Schichten mehrdeutige Lösungen liefern. Auch nach COST-Action 336 (2000) liefern die meisten Programme aussagekräftige Ergebnisse, wenn die Anzahl der Schichten auf maximal drei beschränkt wird.

Analysen unter Berücksichtigung der dynamischen Lastaufbringung sind für spezifische Fragestellungen vorgenommen worden (z.B. Scarpas et al., 1998; Kim und Titus-Glover, 1998; Riedl, 2006). Dabei werden die Verformungs-Zeit-Verläufe der Oberfläche der Asphalt-befestigung und die Kraft-Zeit-Verläufe, die während der FWD-Messung als "Time Histories" aufgenommen werden, zur Auswertung herangezogen. Bei der Auswertung wird in der Regel vorausgesetzt, dass der Asphalt ein viskoelastisches Verhalten entsprechend dem Maxwell-Modell (Abb. 2.10c) aufweist und sich die anderen Schichten elastisch verhalten. Das viskoelastische Konzept wird angewendet, um die zeitverschobenen Verformungen zu erklären. Die dynamischen Eigenschaften des Asphaltes als komplexer Modul und komplexe Nachgiebigkeit sowie die Materialkonstanten des Maxwell-Modelles können dann aus den FWD-Messergebnissen berechnet werden.

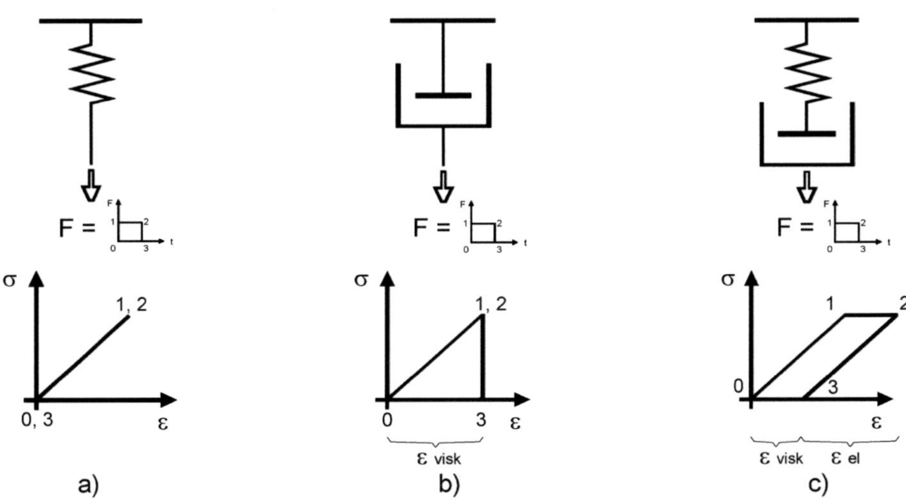

Abb. 2.10: Rheologische Modelle: a) Hook´sche Feder, b) Viskoser Dämpfer, c) Maxwell-Modell (Riedl, 2006)

Die Ableitung von mechanischen Kenngrößen aus der Deflexionsmulde erfordert eine Reihe voraussetzender Festlegungen und Annahmen. Dies kann – insbesondere überlagert mit Unschärfen aus den Rückrechnungen – zu relevanten Unsicherheiten bei der Interpretation führen. Vorliegendes Ziel ist es deshalb, die Klassifikation der Tragfähigkeitskenngrößen direkt auf Basis der gemessenen Deflexionen vornehmen zu können.

Bisher können Vergleiche mit Deflexionsmulden allerdings nur für bereits untersuchte Bauweisen und Bauklassen unter Berücksichtigung von weiteren Randbedingungen vorgenommen werden. Aufgrund der Erfordernis der Differenzierung des vorhandenen Datenkollektivs nach zahlreichen Faktoren, ist das Datenkollektiv noch "lückenhaft". Bis für Vergleiche und Klassifikationen ein ausreichendes Datenkollektiv vorhanden ist (z.B. nach Einführung schnellfahrender Messsysteme) ist es notwendig, hilfsweise theoretische Deflexionsmulden aus Straßenmodellen für Vergleiche zu generieren, die an realen Tragfähigkeitsmessergebnissen kalibriert werden.

2.5 Modellierung von Straßenkonstruktionen

Im Allgemeinen wird für die theoretische Dimensionierung von Straßenkonstruktionen oder die Substanzbewertung eine Beanspruchungsberechnung erforderlich. Hierfür werden entweder linear-elastische Modelle oder nicht-lineare Modelle, mit elastischen, plastischen und viskoelastischen Verhalten der einzelnen Schichten verwendet.

Bisher wird in den meisten Fällen eine linear-elastische Modellierungen auf Basis der Mehrschichtentheorie herangezogen. Bei einem mehrfach geschichteten System liegen eine oder mehrere elastische Schichten auf einem elastischen Halbraum. Jede Schicht i ist durch ihre Materialkonstanten, den Elastizitätsmodul E_i und die Querdehnzahl μ_i (Poisson'sche Zahl) sowie durch ihre Schichtdicke h_i gekennzeichnet (Abb. 2.11).

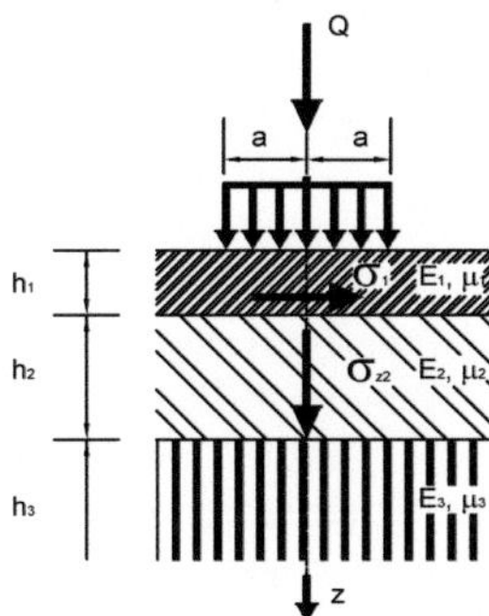

Abb. 2.11: Mehrschichtenmodell (Stöckert, 2002)

Die Mehrschichtentheorie setzt voraus, dass alle Schichten einer Straßenbefestigung homogen, isotrop, linearelastisch, masselos und seitlich unendlich ausgedehnt sind. Der Untergrund entspricht in der Regel einem Halbraum, welcher auch nach unten unendliche Ausdehnung aufweist. Im System wird unterschieden zwischen fest miteinander verbundenen und reibungslos aufeinander liegenden Schichten, die sich nicht voneinander abheben können (Stöckert, 2002).

Burmister (1943) stellte Gleichungen zur Berechnung der Spannungen und Verschiebungen in einem Zweischichtensystem unter einer senkrechten, gleichmäßigen und kreisförmigen Belastung (Q) auf (Abb. 2.11). Die senkrechten Spannungen sind bei fest miteinander verbundenen oder reibungslos aufeinanderliegenden Systemen an der Unterseite der einen Schicht und an der Oberseite der darunterliegenden Schicht gleich. Für die radialen Biegespannungen ergeben sich in Abhängigkeit des Reibungskoeffizienten und der Materialien auf beiden Seiten der Schichtgrenze unterschiedliche Werte. Mit Hilfe der von Burmister entwickelten Gleichungen kann die Einsenkung im Lastangriffspunkt berechnet oder damals durch seine grafischen Auswertungen abgelesen werden. Die später von Burmister entwickelten Gleichungen für ein Dreischichtensystem stellten komplizierte Integrale dar und können mit Hilfe der nun vorhandenen Rechentechnik numerisch berechnet werden.

Die bisher handelsüblichen Programme können eine unterschiedliche Anzahl von Schichten behandeln, sie liefern bei der Rückrechnung meist plausible Ergebnisse, wenn die Anzahl der Schichten auf drei beschränkt wird. Deshalb wird bei der Modellbildung von Oberbauten oft verlangt, dass Schichten mit ähnlichen Steifigkeiten zusammengefasst werden, um die Anzahl der Schichten auf maximal drei zu reduzieren (Fuchs, 2001). Mit diesen Modellen können dann die Beanspruchungsgrößen innerhalb der modellierten Straßenkonstruktion berechnet werden. Werden die Modelle aus rückgerechneten Schicht-E-Moduln zusammengestellt, muss für die Berechnung aussagekräftiger Beanspruchungsgrößen ein gewähltes Verfahren für den gesamten Prozess beibehalten werden. Wenn beispielsweise die Schichtmodule durch den Computer mit Hilfe eines linear-elastischen Mehrschichtenprogramms berechnet werden, so müssen auch die kritischen Spannungen und Dehnungen mit Hilfe eines linear-elastischen Mehrschichtenprogramms berechnet werden. Die Ermittlung der in der Straßenbefestigung auftretenden Beanspruchungen erfolgt dabei in vielen Fällen mit dem Programm BISAR © (Bitumen Structures Analysis in Roads). Dieses am Shell-Laboratorium in Amsterdam entwickelte Mehrschichtenprogramm dient zur Abschätzung der unter Verkehrslast auftretenden Spannungen, Dehnungen und Verformungen/Einsenkungen in bzw. auf einer Asphaltkonstruktion auf Basis der von Burmister entwickelten Gleichungen (BISAR, 1998). Durch Vorgabe des Schichtenaufbaus (Anzahl der Schichten, Schichtdicken), der Materialparameter (E-Modul, Querdehnzahl, Verbund zur darüberliegenden Schicht) und Belastungsart (Anzahl und Ort von kreisförmigen Einzellasten, Größe der Belastungen, Lasteinleitungsflächen) können die dadurch auftretenden Beanspruchungsgrößen in verschiedenen Tiefen der Befestigung berechnet werden. Von Interesse sind in der Regel die üblichen Bemessungskriterien:

- (Zug-)Dehnung an der Unterseite der Asphaltschichten (Abb. 2.12)

- Druckspannungen an der Oberseite der ungebundenen Schichten (ToB, Untergrund) (Abb. 2.11)

Die benötigten Asphaltsteifigkeiten können mit Hilfe dynamischer Biegeversuche im Labor ermittelt oder wie in diesem Fall durch Rückrechnung von Schicht-E-Moduln anhand von FWD-Ergebnissen abgeschätzt werden.

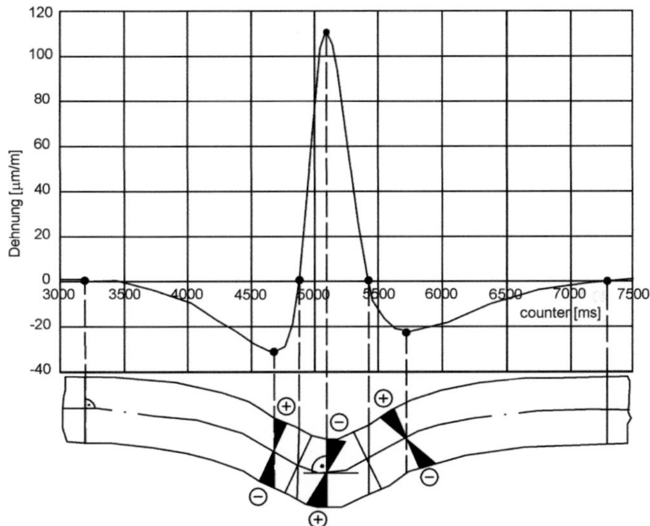

Abb. 2.12: Dehnung sowie Biegezug- und Biegedruckbereiche an der Unterseite der Asphalttragschicht bei der Überfahrt einer Achse über die Modellstraße (Zander, 2007)

3 Datengrundlage, -verarbeitung und -auswertung

3.1 Angaben zur Datenbasis

Die Datenbasis für diese Arbeit bilden ausgewählte Messergebnisse des FE-Projekts 04.188/2002/BGB (Roos et al., 2008). Insgesamt wurden dort 24 Strecken, die nach Aufbau (RStO 01, Tafel 1, Zeilen 1 und 2.2) und Alter gespreizt waren, in einem für Folgemessungen fixierten Raster unter jahreszeit- und temperaturbezogenen Aspekten mindestens zweimal, teilweise bis zu achtmal an unterschiedlichen Messterminen mit dem FWD untersucht.

Die vorliegende Arbeit beschränkt sich nur auf Strecken der Bauweise nach RStO 01 (FGSV, 2001b), Tafel 1, Zeile 1 "Asphalt auf Frostschutzschicht", deren Definition nachfolgend auch auf Bauweisen mit ungebundenen Tragschichten (ToB) erweitert wird. Sie sind streng genommen den Zeilen 3 bis 5 zuzuordnen. Die Bauweise mit hydraulisch gebundener Tragschicht wurde ausgeschlossen, da aufgrund der Kerben und Fugen streng genommen andere mechanische Systeme als das hier angewandte Mehrschichtenmodell, welches unendlich ausgedehntes, isotropes Verhalten voraussetzt, eingesetzt werden müssen. Eine Modellierung dieser Bauweise erfordert des Weiteren für eine differenzierte Klassifikation ein 4-Schichten-System und nicht, wie in dieser Arbeit vorgesehen, ein 3-Schichten Modell. Die mit mehr als drei Schichten verbundenen Schwierigkeiten bei der Rückrechnung wurden im Unterkapitel 2.4 angesprochen.

Die Methode zur Klassifikation wird im Wesentlichen am Beispiel eines eingegrenzten Datenkollektivs aufgezeigt. Ziel dabei ist es, zur Darstellung der Methode ein Referenzkollektiv mit möglichst geringen Spannweiten der rückgerechneten Schichtsteifigkeiten zu erhalten. Daher werden nur Messergebnisse herangezogen die den nachfolgend angegebenen Randbedingungen zugeordnet wurden:

- Material der ToB: "natürliche Gesteinskörnungen"

- Untergrund: "nicht felsig"

Streckenabschnitte beispielsweise mit RC-Material oder Elektroofenschlacken in der ungebundenen Tragschicht bleiben damit unberücksichtigt. Eine weitergehende Eingrenzung erfolgte auf 4 Strecken, da an diesen Strecken zur Untersuchung des Temperatureinflusses eine erhöhte Anzahl an FWD-Messungen durchgeführt wurde. Diese gegenüber den übrigen Strecken zusätzlichen Informationen sind für die Berücksichtigung des Temperatureinflusses bei der Klassifikation (Kap. 4.3 und 5.1.3) erforderlich.

Das verbliebene Datenkollektiv stellt ein "Referenzkollektiv" dar. Die Konsequenzen für die Klassifikation von Datenkollektiven, die anderen Randbedingungen entsprechen, sind dem Kap. 5.2 "Klassenbildung" zu entnehmen. Detaillierte Angaben zu den Untersuchungsstrecken sind in der Anlage C, im Übrigen im FE-Projekt 04.188/2002/BGB (Roos et al., 2008) angegeben. Für eine einheitliche Bezeichnung sind die dort verwendeten Streckennummern und Bezeichnungen auch in dieser Arbeit beibehalten worden.

3.2 Verwaltung und Verarbeitung der Streckeninformationen und Daten

Für die Generierung der künstlichen Deflexionsmulden und Ablage in der Datenbank sowie für die Anwendung von KNN ist eine systematische Datenverwaltung erforderlich. Dies ist einerseits auf die verhältnismäßig große Menge an Messdaten zurückzuführen. Andererseits ist dies aufgrund der Vielzahl an Einflussfaktoren und der damit verbundenen großen Anzahl an erforderlichen theoretischen Daten notwendig.

Die FWD-Daten, die zum Messzeitpunkt herrschenden Randbedingungen sowie Informationen zum Aufbau und zum visuell festgestellten Zustand der gemessenen Untersuchungsstrecken sind in einer sogenannten "FWD-Datenbank" auf MS Access basierend (Microsoft Corporation, 2000) als Rohdaten festgehalten (Abb. 3.1). Ebenso wurden ggf. die Ergebnisse der Impulsradarmessungen als Schichtdicken in der FWD-Datenbank den FWD-Messergebnissen zugewiesen, die hier für die Rückrechnung der Schicht-E-Moduln relevant sind.

Der Aufbau der Datenbank orientierte sich inhaltlich und strukturell an vorliegenden FGSV-Arbeitspapieren (FGSV, 2008a,b, 2001a). Die Datenbank bietet vielseitige Recherchemöglichkeiten hinsichtlich aller aufgenommenen Datensätze und einen Export der recherchierten Datenbestände in Tabellenkalkulations- und Statistikprogramme.

Ein ergänzendes "Externes Datenbankprogramm" erlaubt die

- Aufnahme weiterer Messdaten (z.B. Ergebnisse von Plattendruckversuchen) und deren Zuordnung zu den entsprechenden FWD-Messergebnissen,

- Aufnahme weiterer Informationen aus Unterlagen der durchgeführten Streckeninformationssammlung (z.B. Eignungsprüfungen, Kontrollprüfungen, Bauunterlagen), Streckenfotos, ggf. -videos,

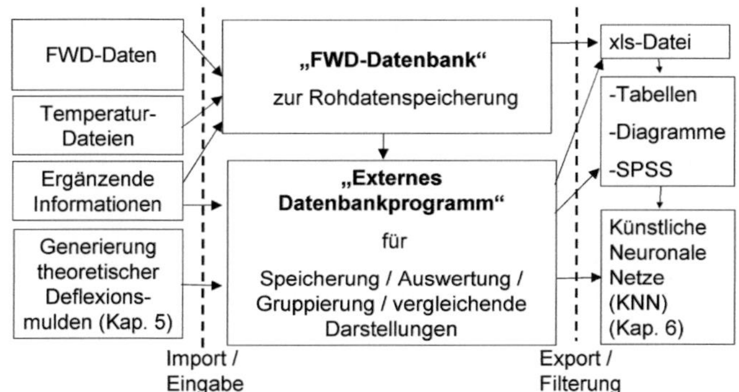

Abb. 3.1: Schematische Darstellung der Datenverwaltung und -verarbeitung

- Auswertung der Rohdaten (Implementierung von Auswerteroutinen),

- Gruppierung der Ergebnisse nach bestimmten Parametern (Bauweise, Bauklasse, Temperatur, etc.),

- grafische Darstellung der ausgewerteten Größen für vergleichende Betrachtungen und

- Einrichtung von Exportfunktionen als Schnittstelle zu weiteren Programmen, u.a. Programme für die Anwendung von KNN (Kap. 6).

In Abb. 3.1 sind die Abläufe zur Verwaltung und Verarbeitung sämtlicher Daten schematisch dargestellt. In die "Externe Datenbank" wurden neben den Messdaten auch die theoretisch generierten Deflexionsmulden importiert (Kap. 5).

Die in dieser Arbeit angewandten und nachfolgend erläuterten Methoden zur Datenverarbeitung und -auswertung weisen mehr oder weniger starke Bezüge zu weiteren abgeschlossenen Forschungsprojekten auf, die an dieser Stelle informativ angegebenen sind: Abdallah et al. (2000); Xu et al. (2002a); Melchor-Lucero et al. (2002); Xu et al. (2002b); Bredenhann und van de Ven (2004); Khazanovich und Roesler (1997); Timm et al. (1998); Graves und Mahboub (2007).

3.3 Angewendete Statistik

Im Rahmen der deskriptiven und analytischen Statistik wurde das Statistik-Programm SPSS (Janssen und Laatz, 1999) mit diesbezüglicher Syntax (Zöfel, 2002) angewendet, um auch für veränderte Datenbestände (Vergrößerung des Datenkollektivs) die bereits durchgeführten Auswertungen routinemäßig wiederholen zu können. Dies ermöglicht auch später eine effiziente Auswertung im Hinblick auf eine weitere Präzisierung und Differenzierung der Klassifikation.

3.3.1 Deskriptive Statistik

Für erste Vergleiche der Tragfähigkeit der Untersuchungsstrecken bzw. ihrer jeweiligen homogenen *Unterabschnitte* sowie der Steifigkeit der einzelnen Schichten wurden die zugehörigen *statistischen Kenngrößen* (arithmetisches Mittel $\bar{x}$, Standardabweichung $\pm s$ und Variationskoeffizient V) berechnet (Anlage C). Die Rechenoperationen zur deskriptiven Statistik sind grundsätzlich der einschlägigen Fachliteratur zu entnehmen (z.B. Sachs, 1999). Um die Verteilungen von Messdaten unabhängig von Verteilungsannahmen darzustellen, werden die Ergebnisse mittels *Boxplots* veranschaulicht.

3.3.2 Analytische Statistik

Als Voraussetzung sämtlicher statistischer Verfahren gilt, dass die Wahrscheinlichkeit des Eintritts eines Ereignisses zufallsbedingt ist und die Ereignisse nicht voneinander abhängen. Demnach sind die Anwendungsvoraussetzungen statistischer Testverfahren für die Analyse der Einflussfaktoren auf die Tragfähigkeit(-smessung) grundsätzlich gegeben.

Für viele statistische Tests (z.B. t-Test) ist auch die Normalverteilung der Daten in der *Grundgesamtheit* vorauszusetzen. Von zentraler Bedeutung ist meistens nicht die Normalverteilung der Werte in der Grundgesamtheit, sondern die Normalverteilung der Stichprobenverteilung, also derjenigen Verteilung, die entstünde, wenn unendlich viele *Stichproben* gezogen würden. Diese ist zumindest näherungsweise auch bei relativ groben Abweichungen der Grundgesamtheitswerte von der Normalverteilung noch gegeben. Normalverteilung der Stichprobenwerte ist z.B. auch dann noch gegeben, wenn bei nicht zu kleinem Stichprobenumfang eine uniforme Verteilung der Werte in der Grundgesamtheit vorliegt, also in alle Kategorien gleich viele Werte fallen. Sehr grobe Abweichungen, insbesondere mehrgipflige und extrem schiefe Verteilungen können dagegen nicht mehr akzeptiert werden (Janssen und Laatz, 1999).

Regressionsanalyse

Der Begriff der Regression bezeichnet eine einseitige stochastische Abhängigkeit einer Veränderlichen (Zielgröße) von einer (einfache Regression) oder mehreren anderen Veränderlichen (multiple Regression). Bei der Regressionsanalyse werden die zahlenmäßigen Beziehungen zwischen den Einfluss- und Zielgrößen untersucht. Bezüglich der methodischen Grundlagen zur Ermittlung der Regressionsgleichung wird auf die einschlägige Fachliteratur verwiesen (z.B. Janssen und Laatz, 1999; Sachs 1999). Die nachfolgenden Auswertungen beruhen auf der Minimierung der Summe der quadrierten

Schätzfehler ("Methode der kleinsten Quadratsumme"). Neben der Schätzung der Regressionsgleichung ist die erreichte Güte der Anpassung des Modells, die häufig durch das *Bestimmtheitsmaß* (R^2) beschrieben wird, von Bedeutung. Das Bestimmtheitsmaß gibt die Relation zwischen der Quadratsumme der durch das Modell erklärten Streuung gegenüber der Quadratsumme der gesamten Streuung an.

Über die Wahl des Modells sollte nicht ausschließlich die Größe des Bestimmtheitsmaßes entscheiden. Letztendlich lässt sich für faktisch jede Untersuchung ein Bestimmtheitsmaß von nahezu 1 erreichen, wenn die Anzahl der erklärenden Variablen erhöht wird. Wesentlicher ist die Prüfung der inhaltlichen Plausibilität des Regressionsmodells. Hinzu kommt, dass die Signifikanz eines Bestimmtheitsmaßes wesentlich von der Anzahl der Beobachtungen abhängt: Ein hohes Bestimmtheitsmaß bei wenigen Beobachtungen muss nicht besser sein als ein deutlich geringeres Bestimmtheitsmaß bei sehr großen Stichprobenumfängen.

3.4 Das Monte-Carlo-Verfahren

Zur Berücksichtigung der naturgemäßen Streuungen der Einflussgrößen bei der Ermittlung und Auswertung der Ergebnisse wurde das sogenannten Monte-Carlo-Verfahren eingesetzt, welches nachfolgend beschrieben ist.

Beim Monte-Carlo-Verfahren (man spricht auch von einer Monte-Carlo-Simulation) wird die genaue oder näherungsweise Berechnung der Verteilungsdichte einer beliebigen Funktion G von Variablen – in diesem Fall der Gleichungen von Burmister implementiert im Programm BISAR –

$$G = G(a_0, X_1, X_2, \dots X_i, \dots X_n) \tag{3.1}$$

ersetzt durch eine grosse Zahl von einzelnen Auswertungen dieser Funktion mit zufälligen Realisationen x_{jk} der zugrundeliegenden Verteilungen X_i. Der Index "k" steht für die k-te Simulation (k = 1, 2 ... z) eines Satzes von x_i. Jeder Satz der k Realisationen liefert einen Wert

$$g_k = G(a_0, x_{1k}, x_{2k}, \dots x_{ik}, \dots x_{nk}) \tag{3.2}$$

Die sich ergebenden Zahlen g_k werden statistisch ausgewertet nach den Regeln, die im vorherigen Unterkapitel angesprochen wurden. In guten Programmen werden sie zudem laufend in einem Histogramm dargestellt und geben so gleich eine Vorstellung der Verteilungsdichte der Variablen G (Schneider, 1996).

Das Herz des Verfahrens ist ein Zufallsgenerator. Er erzeugt Zufallszahlen zwischen 0 und 1. Diese werden als Wert einer Verteilungsfunktion $F_{Xi}(x_i)$ interpretiert und liefern bei bekannter Verteilungsfunktion oder Summenkurve der Variablen X_i die zugehörigen

Realisationen x_{ik} (Schneider, 1996).

Die Arbeiten von Abdallah et al. (2000), Siddharthan et al. (1992), Romanoschi und Metcalf (2000), Timm et al. (1998, 2006), Wüst (1991) setzten das Verfahren in der Regel dafür ein, die Verteilung der Grenzbeanspruchungszustände innerhalb einer Straßenkonstruktion und damit einhergehend von deren Nutzungsdauern zu bestimmen.

3.5 Prinzip von Künstlichen Neuronalen Netzen

Für die Anwendung des klassifizierten Datenbestandes auf unklassifizierte Messdaten (Klassierung) sind prinzipiell mehrere Verfahren möglich. Das originäre Verfahren stellt die manuelle Zuordnung der gemessenen Deflexionsmulden zu katalogisierten Deflexionsmuldenbereichen dar. Aufgrund der bereits im Vorfeld absehbaren Vielzahl an möglichen Kombinationsvarianten kann dieses Verfahren nicht praktikabel eingesetzt werden. Dies ist auch vor dem Hintergrund zu sehen, dass die Differenzierung des Datenkollektivs für präzisere Bewertungen weiter zunehmen werden. Vor diesem Hintergrund stellt auch die Entwicklung von Enscheidungsbäumen keine Alternative dar. Des Weiteren sind die Übergänge von einem Deflexionsmuldenbereich zum anderen fließend, die Bereiche überschneiden sich. Eine "optimale" Klassierung ist deshalb nur durch den genauen (rechnerischen) Vergleich aller maßgeblichen Parameter (aller gemessenen Deflexionen, Schichtdicken, Asphalttemperatur) mit dem klassifizierten Datenbestand möglich.

Aus den genannten Gründen wird deshalb der Einsatz maschineller Lern- und Auswerteverfahren vorgeschlagen. Da die Klassifikation vorgegeben wird, sind die Verfahren des überwachten Lernens relevant. Hier sind die Methoden des induktiven Lernens anzusprechen, bspw. als Bekannteste die "Nächste-Nachbarn-Methode". Der Vorteil dieser Methoden besteht darin, dass auch bei ergänztem Datenbestand, z.B. aufgrund weiterer klassifizierter Messdaten, die Klassierung stets auf dem aktuellen Stand vorgenommen wird. Ein großer Datenbestand, welcher dazu noch über den ganzen Merkmalsraum ausreichend mit Daten besetzt ist, wird allerdings hierfür benötigt. Nachteilig ist außerdem, dass bereits wenige fehlerhaft klassierte Daten zu erheblichen Fehlklassierungen führen können. Des Weiteren kann die Klassierung aufgrund des großen erforderlichen Datenbestandes einen höheren Zeitbedarf beanspruchen, so dass sich dann die Frage stellt, inwieweit dieses Verfahren bereits entsprechend der Zielsetzung in den Messablauf integriert werden kann.

Dies führt in letzter Konsequenz zur Methode der Künstlichen Neuronalen Netze (KNN). Diese benötigen zwar nach verändertem Datenbestand immer wieder neue, (für den Computer) zeitaufwendige Trainingsphasen. Ihre Vorteile sind jedoch, dass sie

- auch bei lückenhaften Datenbestände funktionieren,

- unempfindlich gegenüber streuenden Daten oder fehlerhaften Daten sind (vorausgesetzt, dass eine Übertrainierung vermieden wird) und

- eine schnelle Klassierung auch großer Datenbestände ermöglichen.

KNN wurden deshalb für die exemplarische Anwendung der Klassifikation in dieser Arbeit vorgesehen. Nachfolgend wird das Prinzip der KNN beschrieben.

3.5.1 Mathematisches Modell

Laut Tawil (1999) orientieren sich KNN in ihrem Aufbau und ihrer Funktionsweise am biologischen Vorbild. Sie stellen ein sehr abstraktes Modell des tierischen bzw. menschlichen Nervensystems dar. Sie bestehen dementsprechend aus mehreren miteinander verknüpften Informationsverarbeitungseinheiten, den Neuronen. Das künstliche Neuron (Abb. 3.2) kann als eine Schaltung aufgefasst werden. Diese Schaltung erzeugt erst eine Ausgabe, wenn die Summe der Eingangssignale des Neurons einen bestimmten Schwellenwert überschreitet. Dabei können die Eingabe- sowie Ausgabesignale der Neuronen binär (0, 1), reell (+, -) oder bipolar (-1, +1) sein.

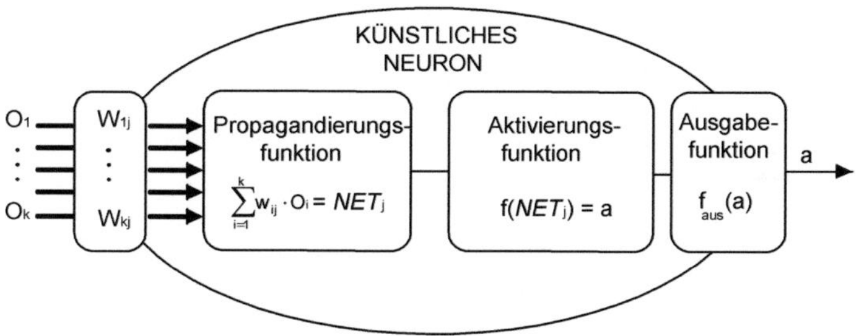

Abb. 3.2: Innerer Aufbau eines Neurons (Tawil, 1999)

Die Eingangssignale O_i werden analog zum biologischen Neuron zuerst mit den Faktoren w_{ij} gewichtet. Diese Gewichtung stellt eine Art Filter dar. Sie kann die Signale verstärken oder abschwächen. Die Gewichtung $w = 0$ bedeutet "keine Verbindung". Das Neuron enthält drei verschiedene mathematische Funktionen zur Informationsverarbeitung (Tawil, 1999).

- Mit der **Propagandierungsfunktion** wird die Summe der gewichteten Eingaben gebildet.

- Die **Aktivierungsfunktion** eines Neurons beschreibt den Zusammenhang zwischen Ein- und Ausgängen. Sie kann linear, sprunghaft (Schwellenwertfunktion) oder stetig (sigmoide Funktion) sein. Die Aktivierungsfunktion legt fest, wie sich aus einem Aktivierungszustand zum Zeitpunkt t ein Aktivierungszustand t+1 berechnen lässt.

- Die **Ausgabefunktion** bildet den aktuellen Zustand des Neurons auf einen gewünschten Wertebereich ab.

Die Verknüpfung der Neuronen führt letztendlich zu den Künstlichen Neuronalen Netzen. Die Auswertung durch KNN erfolgt ohne viel Zeit in Anspruch zu nehmen. Dies liegt daran, dass jedes Neuronale Netz (Abb. 3.3) nur sehr einfache Rechenoperationen (Verarbeitungsfunktion) durchzuführen hat. Die Netze untergliedern sich in verschiedene Schichten:

- In der **Eingabeschicht** werden die von außen kommenden Eingangssignale verarbeitet und an die Neuronen der versteckten Schicht weitergeleitet.

- Die Neuronen der **versteckten Schicht(en)** werden netzintern verwaltet und unterliegen voll dem Informationsfluss, der gemäß dem gewählten Netzmodell definiert ist.

- Die **Ausgabeschicht** stellt das Ergebnis der vom Netz durchgeführten Informationsverarbeitung zur Verfügung. Hier können also die Endwerte der Berechnung abgegriffen werden.

3.5.2 Lernalgorithmen von Künstlichen Neuronalen Netze

KNN werden nach ihren Lernalgorithmen unterschieden. Der Lernprozess eines Neuronalen Netzes wird über die Verstellung der Gewichte von den Eingangswerten nach einer bestimmten Lernregel gesteuert. Je nach Verwendungszweck gibt es für jedes KNN eine Lernregel. Dabei gibt es zwei Arten des Lernens: Das überwachte und das unüberwachte Lernen (Tawil, 1999).

Beim unüberwachten Lernen wird das Netz während des Lernprozesses nicht von außen gesteuert, sondern teilt selbst die Eingangsdaten in verschiedene Klassen ein. Beim überwachten Lernen – wie dies in dieser Arbeit relevant ist – werden dem KNN zusätzlich die bereits klassifizierten Eingabewerte (Muster) vorgegeben. Das Netz wird in diesem Fall von außen trainiert. Durch einen Ist-Soll-Vergleich wird ein Fehler berechnet. Dieser Fehler wird vom Netz dazu benutzt, die Zuordnung der Eingabewerte zu einer bestimmten Klasse zu erlernen. Das Lernen durch Fehlerkorrektur ist der am meisten angewandte Lernmechanismus. Hier werden die Gewichte solange geändert bis der Fehler zwischen dem Ist- und dem Soll-Wert minimal wird (Tawil, 1999).

In Abb. 3.3 ist die Struktur eines Backpropagation-Netzes, das nach dem Prinzip der Fehlerrückführung arbeitet, abgebildet. Das Netz besteht aus einer Eingangs- sowie einer Ausgangsschicht und in diesem Fall einer verdeckten Schicht. Nachfolgend soll die Funktionsweise von KNN nach der Backpropagation-Methode beschrieben werden.

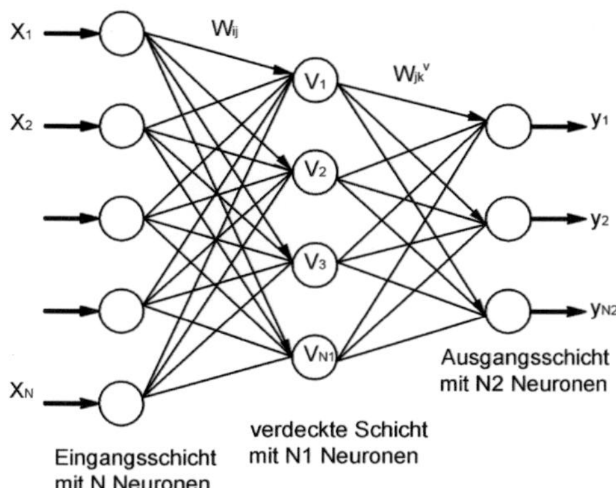

Abb. 3.3: Backpropagation-Netz mit N Eingängen, N2 Ausgängen und einer verdeckten Schicht mit N1 Neuronen (Tawil, 1999)

Die Neuronen der Eingabeschicht reagieren auf ein Eingabemuster mit Werten, die an die Neuronen der versteckten Schicht(en) gegeben werden. Deren Ausgänge aktivieren wiederum die Neuronen der Ausgabeschicht. Das Netz erzeugt schließlich ein Ausgabemuster. Das Ausgabemuster wird mit den vorgegebenen "Ziel-"Ausgabemustern verglichen. Aus der Abweichung wird dann ein Fehler berechnet. Ausgehend von diesem Fehler werden die Gewichtungen w_{ij} der Neuronen in der Ausgabeschicht und der/den versteckten Schicht(en) verstellt. Anschließend wird der Vorgang mit den gleichen oder weiteren Eingabemustern solange wiederholt, bis die Ausgabemuster des KNN den vorgegebenen Ausgabemustern mit festgelegten Toleranzen genügen oder ein Optimum erreicht ist. Das Netz ist dann trainiert und steht zur Beurteilung ähnlicher Sachverhalte zur Verfügung.

Das so trainierte Netz muss getestet werden. Dazu sind Validierungsdaten vorzusehen, die sich von den Trainingsdaten unterscheiden müssen. Nur dadurch kann geprüft werden, ob das trainierte Netz in der Lage ist, basierend auf dem in den Neuronen gespeicherten Wissen, mit unbekannten Mustern und Sachverhalten allgemeingültige und nicht nur im Rahmen des Trainingsdatensatzes richtige Zuordnungen (Klassierungen) vornehmen zu können (Tawil, 1999).

Die Anwendung von KNN im Bereich der Straßenbautechnik erfolgte bisher unter anderem zur Vorhersage von Ebenheitsniveaus (Huang und Moore, 1997), der Fahrbahndeckenbeschaffenheit (Yang et al., 2003; Shekharan, 2000), der Griffigkeit bzw. Fahrbahntextur (Felker et al., 2004; von Loeben , 2007) und der Abschätzung von Restnutzungsdauern (Ferregut et al., 2000; Abdallah et al., 2000; Melchor-Lucero et al., 2002).

Weiterhin wurden KNN im Zusammenhang mit dem FWD-Messverfahren zum Beispiel bei der Rückrechnung von Schichtmoduln von Ceylan et al. (2004), Meier et al. (1997), Gopalakrishnan (2005), Göktepe et al. (2004,2006), Kim et al. (2000a,b) sowie bei der Detektierung von Rissen bei Fahrbahnbefestigungen von Cheng und Hu (2001) angewendet. Funktion und Wirkungsweise sind in der Literatur vielfach beschrieben (z.B. Braun, 1997; Callan, 2003; Widmann, 2001).

4 Analyse von Tragfähigkeitsmessdaten

Für die Modellierung von Straßenkonstruktionen ist es erforderlich, die entsprechenden Modellgrößen (hier vorrangig die Schicht-E-Moduln) der bereits untersuchten Straßenkonstruktionen zu ermitteln. Diese ergeben sich durch Rückrechnung auf Basis der gemessenen Deflexionsmulden und Temperaturen, den Streckeninformationen und getroffenen Festlegungen. Die hieraus gewonnenen Verteilungen der Modellgrößen werden für die Generierung der theoretischen Deflexionsmulden (Abb. 4.1; Bezug mit Index I) und für die Festlegung der Steifigkeitsklassen benötigt (Kap. 5.2). Darüber hinaus ist damit der Temperatureinfluss auf die Asphaltsteifigkeit für die diesbezügliche Modellierung zu analysieren (Abb. 4.1; Bezug mit Index II).

4.1 Festlegungen zur Rückrechnung der Modellgrößen

Die Rückrechnung der Schicht-E-Moduln wurde auf Basis eines 3 Schichten-Modells mit den in Tab. 4.1 angegebenen Vorgaben, den streckenbezogenen Deflexionsmulden und Schichtdicken, mit dem Softwareprogramm Pavers © (van Cauwelaert et al., 2000) vorgenommen. Die Querdehnzahlen sowie Start-, Mindest- und Höchstwerte der Schicht-E-Moduln beziehen sich auf Angaben der Literatur (siehe Anlage D). Bei einer unzureichenden Anpassung der theoretischen Deflexionsmulde zur gemessenen Deflexionsmulde (s. Kap. 2.4; Gl. 2.1; Fit%>10 %) wurde das Ergebnis verworfen.

Unter Voraussetzung dieser Annahmen stellen sich für das herangezogene Datenkollektiv die in den Abb. 4.2 und 4.3 grafisch ausgewiesenen Verteilungen der Schicht-E-Moduln der Asphaltschichten und ungebundenen Schichten (zahlenmäßig in Anlage E, Tab. E.1 und E.2) – differenziert nach Untersuchungsstrecken – dar.

4.2 Analyse des Datenkollektivs hinsichtlich der Schichtsteifigkeiten

Die **Asphaltsteifigkeiten** (Abb. 4.2), ausgedrückt durch den Schicht-E-Modul E1, wurden aufgrund Ihrer Abhängigkeit zur Asphalttemperatur in die Temperaturbereiche unterteilt, welche im FE-Projekt 04.288 so festgelegt wurden, dass sich die Datenkollektive der

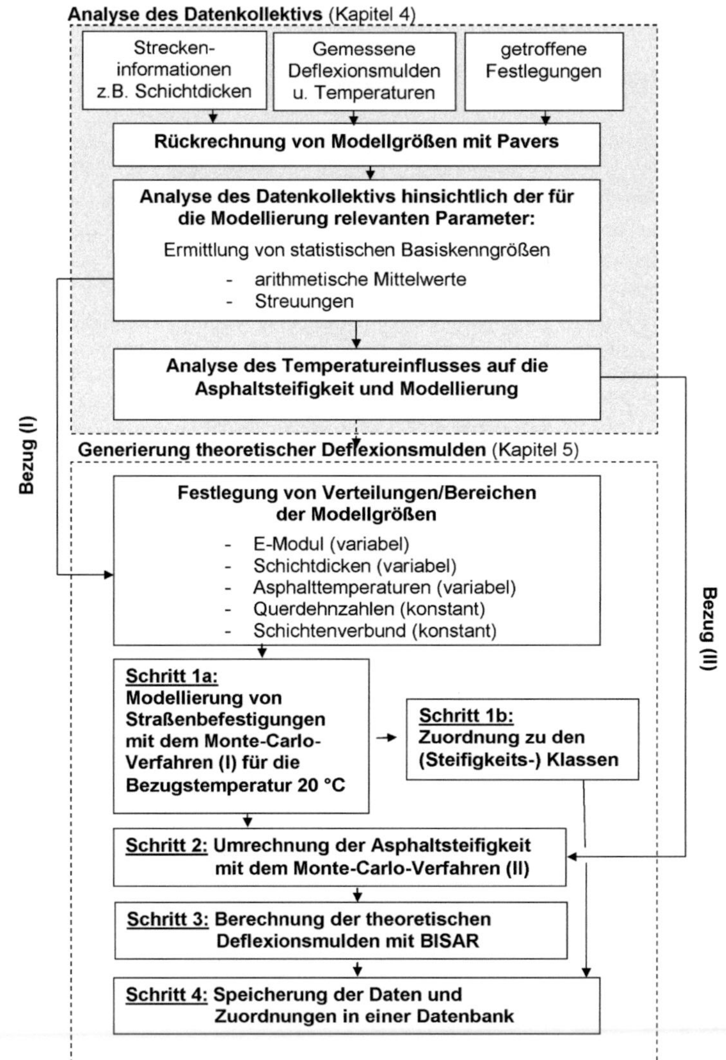

Abb. 4.1: Flussdiagramm zur Analyse des Datenkollektivs und zur anschließenden Generierung und Klassifizierung theoretischer Deflexionsmulden

Anzahl der Schichten:	3		
Querdehnzahl:	Asphaltschicht (Schicht 1): 0,35		
	Ungebundene Tragschicht (ToB; Schicht 2): 0,35		
	Untergrund/Unterbau (Schicht 3): 0,35		
Schichtenverbund:	Schicht 1 - Schicht 2: 100		
	Schicht 2 - Schicht 3: 100		
Verhältnis EV/EH:	1		
Schicht-E-Modul [MPa]	Startwert:	Mindestwert:	Höchstwert:
der Asphaltschicht $E1$:	10.000	500	70.000
der ToB $E2$:	1.000	10	70.000
des Untergrunds/-baus $E3$:	100	10	70.000
Statische (kreisförmige) Last:	50 kN, Radius: 150 mm		

Tab. 4.1: Annahmen und Festlegungen für die Rückrechnung der Schicht-E-Moduln

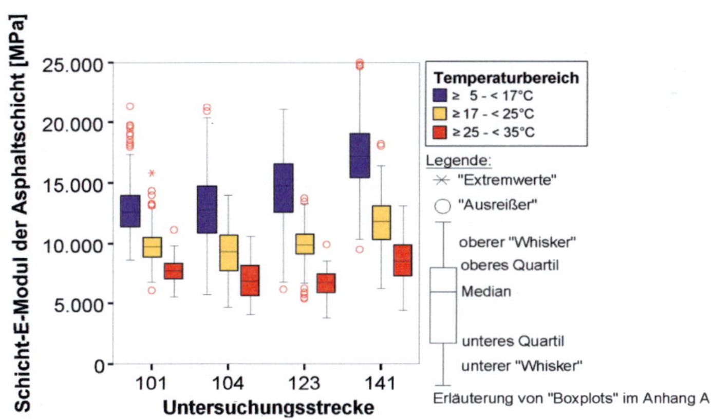

Abb. 4.2: Verteilungen der Schicht-E-Moduln der Asphaltschicht

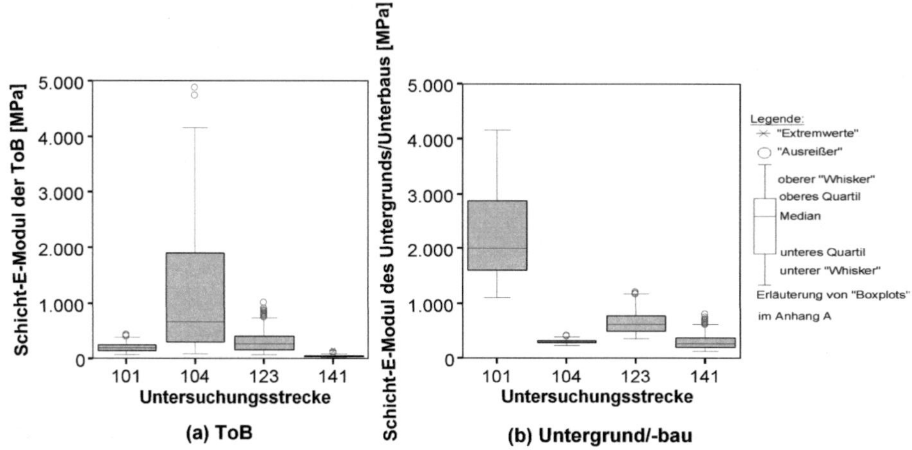

Abb. 4.3: Verteilungen der Schicht-E-Moduln der ungebundenen Schichten

einzelnen Bereiche gut voneinander abgrenzen, sich zugleich aber auch nur drei Bereiche ergeben, um noch ausreichend Ergebnisse für die dort durchgeführten Vergleiche zur Verfügung zu haben.

Die Schicht-E-Moduln liegen – in Anbetracht der Größenordnung und der großen Streuungen – in etwa auf gleichem Niveau in den jeweiligen Asphalttemperaturbereichen und nehmen mit zunehmender Temperatur erwartungsgemäß ab. Die variierenden Niveaus der Asphaltsteifigkeiten im Asphalttemperaturbereich 5 bis 17 °C sind vermutlich auf unterschiedliche Häufigkeitsverteilungen der Messdaten in diesem Asphalttemperaturbereich zurückzuführen. Dies wird durch den Umstand begünstigt, dass dünnere Asphaltschichtdicken vergleichsweise häufiger extremere (d.h. deutlich höhere oder niedrigere) Standard-Asphalttemperaturen aufweisen als dickere Asphaltschichtdicken, da die Standard-Asphalttemperatur (Temperatur im oberen Drittelspunkt des Asphaltpakets) näher an der Oberfläche liegt.

Die großen Streuungen können prinzipiell auf relative Unterschiede zwischen den tatsächlichen Asphaltschichtdicken zu den bei der Rückrechnung angesetzten Schichtdicken oder auf unterschiedliche Güten bei der iterativen Anpassung der Deflexionsmulden zurückgeführt werden. Hinzu kommt, dass die Temperaturbereiche verhältnismäßig groß sind. Aufgrund dieser großen Streuungen muss der Temperatureinfluss präziser erfasst werden, wie dies im anschließenden Unterkapitel beschrieben wird.

Die **Steifigkeiten der ungebundenen Schichten**, damit sind sowohl die Tragschichten ohne Bindemittel (ToB; mit "E2" bezeichnet) wie auch der Untergrund/-bau (mit "E3" bezeichnet) gemeint, befinden sich für die einzelnen Strecken auf deutlich unterschiedlichen Niveaus und Bandbreiten (Abb. 4.3). Die Ursachen hierfür können grundsätzlich entsprechend bisherigen Erfahrungen (Kap. 2.2) in unterschiedlichen Materialien, geologischen Bedingungen und/oder Einbauverhältnissen liegen. Sie liefern – neben Angaben weiterer Literaturquellen, wie sie in Anlage D aufgeführt sind – Bereiche zur Orientierung, in denen die Modellgrößen zur Modellierung von Straßenkonstruktionen unter Anwendung der in dieser Arbeit angesetzten Modelle (linear-elastisches Materialverhalten; statische Last) liegen sollten. Diese Bereiche der Steifigkeiten werden an dieser Stelle ohne weitere Diskussion festgehalten, um sie in einem ersten Schritt als Hilfsinstrument für die Generierung der Deflexionsmulden mit Bezug zu Messdaten anzuwenden.

Für eine künftige Reduzierung dieser Streuung (Unschärfen) werden zusätzliche Untersuchungen wie Aufschlüsse oder Georadarmessungen bei einzelnen repräsentativen Strecken empfohlen, um die Steifigkeitsgrößen im besten Fall durch Zuweisung von objektiven Messgrößen weitergehend nach Materialien/Einbauverhältnissen oder hydrologischen Verhältnissen zu differenzieren. Diese Differenzierung kann ohne diese zusätzlichen Untersuchungen bestenfalls durch Anreicherung des vorhandenen Kollektivs an Messdaten und auf Basis statistischer Analysen (Signifikanz-, Clusteranalysen) durchgeführt werden. Allerdings nur unter der Voraussetzung ausreichender und repräsentativer Stichproben und nur mit dem Nachteil, dass die Ursachen für die ggf. feststellbaren Unterschiede weiterhin Spekulation bleiben.

Eine unmittelbare Temperaturabhängigkeit der Steifigkeit der ungebundenen Schichten wird im relevanten Temperaturbereich $> 5\ °C$ ausgeschlossen. Steifigkeitsänderungen, die aufgrund des spannungsabhängigen mechanischen Verhaltens ungebundener Schichten bei variierenden Asphaltsteifigkeiten auftreten, werden bei den Modellierungen dieser Arbeit vernachlässigt. Streng genommen müsste allerdings bei höheren Asphalttemperaturen mit ansteigenden Steifigkeiten der ungebundenen Schichten gerechnet werden, da durch die weicheren Asphaltschichten höhere Druckspannungen in den unterliegenden Schichten auftreten, welche die spannungsabhängige Steifigkeit dieser Schichten erhöht (s. Kap. 2.2.1).

Messsystembedingte Streuungen in den Tragfähigkeitsmessdaten werden bei Einsatz von Falling Weight Deflectometern aufgrund der Vorgaben des Arbeitspapiers B2 (FGSV, 2008a) hinsichtlich ihrer Präzision zunächst als vernachlässigbar angesehen.

4.3 Analyse des Temperatureinflusses

Der Temperatureinfluss auf Tragfähigkeitsmessergebnisse kann allgemein durch eine möglichst große Anzahl an Wiederholungsmessungen, d.h. Messungen an möglichst gleichen Messpunkten erfasst werden. Ganztagesmessungen, wie sie bei der Ermittlung des für diese Arbeit relevanten Datenkollektivs vorgenommen wurden, bieten darüber hinaus den Vorteil, dass die Einflussfaktoren – außer der Asphalttemperatur – zumindest für diesen Messtag als konstant angesehen werden können und nur der übliche Temperaturverlauf über den Messtag hinweg als Einfluss erfasst wird. Die Zusammenfassung der Messergebnisse verschiedener Messtermine wurde erst vorgenommen, nachdem ein systematischer und signifikanter Einfluss aus Verkehrsbeanspruchung/Alter, schwankenden Untergrundverhältnissen oder Temperaturgradienten nicht nachgewiesen werden konnte (Roos et al., 2008). Mit der Zusammenfassung der Ergebnisse ist eine Erhöhung der unerklärbaren Reststreuung in Kauf zu nehmen, bis weitere Einflussfaktoren erfasst und – z.B. mittels multipler Regressionsanalyse – zusätzlich beschrieben werden können. Mit Blick auf die Ausführungen des Kap. 2 "Grundlagen" ist bei Vergrößerung des Datenkollektivs von Tragfähigkeitsmessdaten zu prüfen, ob diese Einflüsse in der Zukunft erfasst und präziser beschrieben werden können. Sie sind dann selbstverständlich auch bei der Modellierung abzubilden.

Der Einfluss der Asphalttemperatur auf Tragfähigkeitsmessergebnisse wurde international vielfach analysiert und die daraus abgeleitete "Temperaturkorrektur" bei verschiedenen Untersuchungen angewandt. Diese Verfahren wurden hier nicht übernommen, da

- die Ergebnisse ganz oder teilweise aus Laborversuchen oder theoretischen Berechnungen abgeleitet wurden; der Praxisbezug steht somit in Frage,

- die Randbedingungen (Materialien, Einbaubedingungen) bei der Ermittlung des Temperatureinflusses von den deutschen Verhältnissen abweichen können und diese Ergebnisse somit auf die Verhältnisse in Deutschland nicht übertragbar sind sowie

- der Temperatureinfluss z.T. für andere als die hier relevanten Modellgrößen gilt und die angegebene Temperaturabhängigkeit bspw. den Einfluss auf Deflexionen beschreibt, nicht jedoch den Einfluss auf die hier relevanten Schicht-E-Moduln.

Zur Darstellung des Einflusses der Standard-Asphalttemperatur auf die Schicht-E-Moduln wurden in Abb. 4.4 die aus den Messdaten rückgerechneten Schicht-E-Moduln der Asphaltschicht E1 über die "Standard-Asphalttemperatur" differenziert nach Strecken aufgetragen. Es ist festzustellen, dass sich bei allen Strecken eine ähnliche Tendenz ergibt, so dass diese zusammengefasst werden konnten (Abb. 4.5).

Für die Generierung theoretischer Deflexionsmulden ist es erforderlich, die Art des Einflusses mathematisch zu beschreiben, die Größe zahlenmäßig zu erfassen und später bei der Modellierung einfließen zu lassen. Um den Einfluss der während der Messungen vorherrschenden Temperaturen auf die FWD-Messergebnisse zu untersuchen, wurden – unter Voraussetzung einer linearen (Gleichung 4.1) bzw. exponentiellen Beziehung (Gleichung 4.2) – die Bestimmtheitsmaße für die Korrelation von E1 und der Standard-Asphalttemperatur

(a) Strecke 101

(b) Strecke 104

(c) Strecke 123

(d) Strecke 141

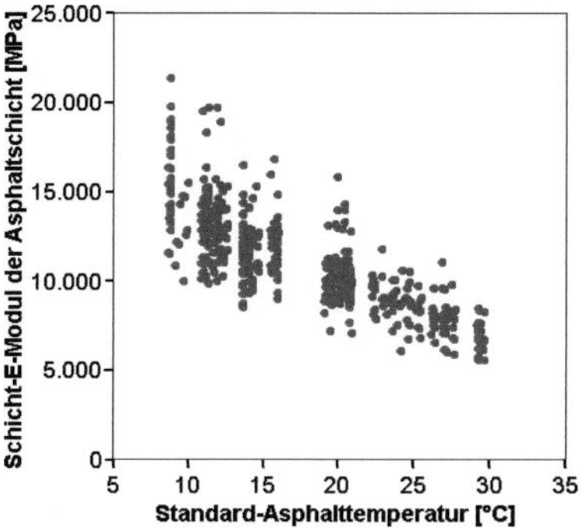

Abb. 4.4: Temperaturabhängigkeit des Schicht-E-Moduls E1 für die untersuchten Strecken

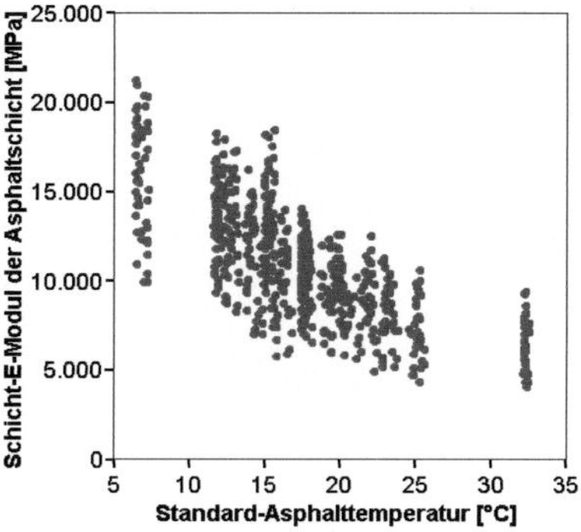

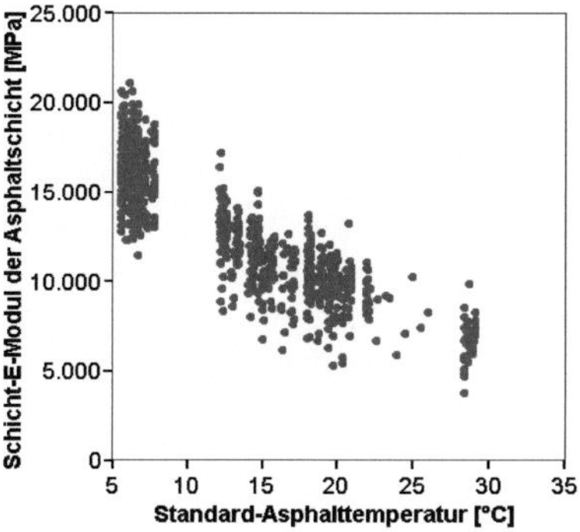

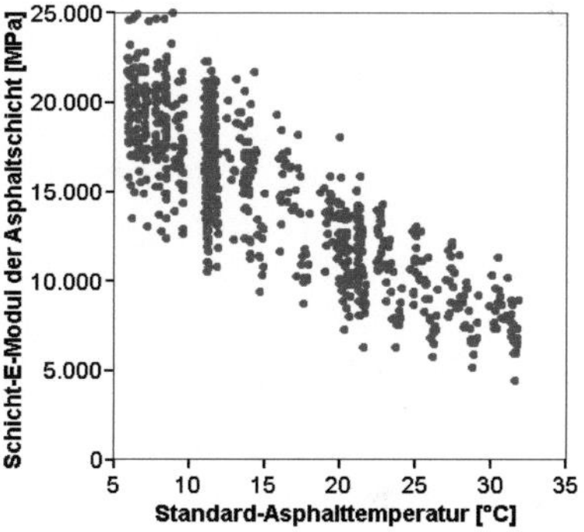

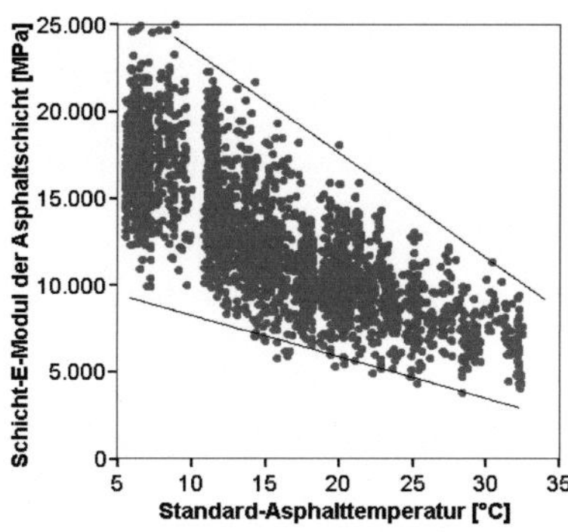

Abb. 4.5: Temperaturabhängigkeit des Schicht-E-Moduls E1 für alle Strecken

berechnet. Dies wurde für sämtliche Messpunkte des hier relevanten Datenkollektivs durchgeführt.

$$E1 = a + b \cdot T \quad [\text{MPa}] \tag{4.1}$$

$$E1 = c \cdot d^T \quad [\text{MPa}] \tag{4.2}$$

a, b, c, d   Regressionsparameter
E1   Schicht-E-Modul der Asphaltschicht [MPa]
T   Standard-Asphalttemperatur [°C]

In Abb. 4.6 sind die Verteilungen der Bestimmtheitsmaße bei linearer und bei exponentieller
Anpassung angegeben. Es zeigt sich, dass mit der exponentiellen Funktion die Verläufe
tendenziell besser angepasst werden. Dies entspricht auch den üblicherweise in anderen
Projekten herangezogenen Beschreibungen des Temperatureinflusses. Da in diesem
Fall die Unterschiede in dem hier relevanten Temperaturbereich jedoch nur geringfügig
sind, wurden zur weiteren Veranschaulichung – auch mit Blick auf die Einbindung des
Monte-Carlo-Verfahrens – trotzdem die Beschreibung mit linearen Verläufen vorgenommen.
Die daraus resultierende Erhöhung der Unschärfe wird in vorliegender Arbeit als vernachlässigbar angesehen. Zukünftig wird durch präzisierte Modellierungen möglicherweise
neben Anpassungen der Parameter auch der funktionelle Zusammenhang nochmals
geprüft werden müssen.

Die Bestimmtheitsmaße (Abb. 4.6) liegen in den meisten Fällen zwischen ca. 70 und 90 %,
wobei insbesondere die Strecken 101 und 104 der Bauklassen SV geringere Bestimmtheitsmaße im Mittel und größere Streuungen aufweisen (Tab. E.3). Dies liegt vermutlich an
den geringeren gemessenen Deflexionen, die bei kleinen Streuungen der Deflexionen zu
großen Streuungen bei den rückgerechneten Schicht-E-Moduln führen.

In Abb. 4.7 ist beispielhaft für einen Messpunkt, an welchem 18-mal gemessen wurde,
die Ermittlung der Regressionsparameter dargestellt. Vor der Regressionsrechnung wurde
eine Achsentransformation um 20 K vorgenommen (x = Standard-Asphalttemperatur minus
20 K), so dass der Regressionsparameter a unmittelbar die Asphaltsteifigkeit bei 20 °C
angibt. Für den in Abb. 4.7 angegebenen Fall ergibt sich ein Schicht-E-Modul bei 20 °C
(Regressionsparameter a) von 10.247 MPa und eine Temperaturabhängigkeit (Regressionsparameter b) von -333 MPa/K.

Die festgestellten Unschärfen könnten, neben der bereits geklärten Auswahl des funktio-
nellen Zusammenhangs, auch auf Abweichungen der nur an einem Messpunkt stationär
ermittelten Temperaturzustände innerhalb der Asphaltschichten von den jeweils beim
Messpunkt vorhandenen Temperaturzuständen zurückgeführt werden. Aufgrund der bisher

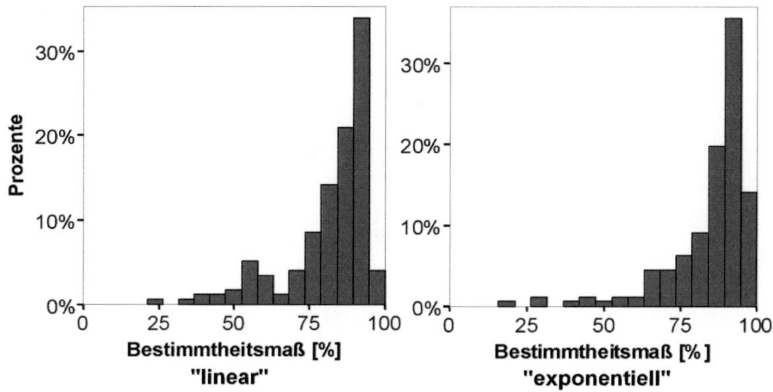

Abb. 4.6: Häufigkeitsverteilungen der Bestimmtheitsmaße bei linearer und exponentieller Anpassung der Temperaturabhängigkeit

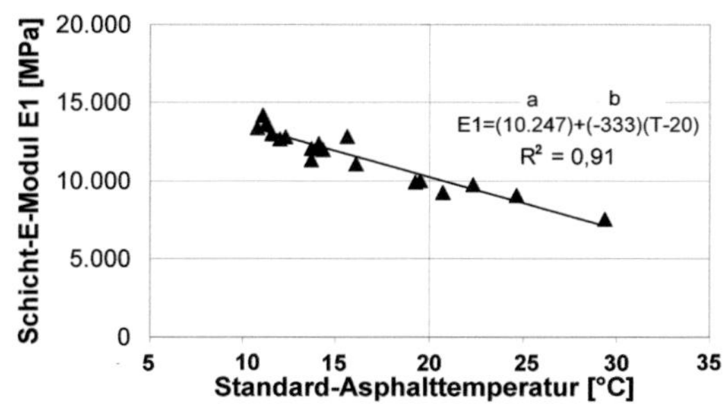

Abb. 4.7: Beispiel für die Erfassung der Temperaturabhängigkeit von E1 für einen Messpunkt durch Regressionsrechnung

verhältnismäßig kleinräumigen (i.d.R. 500 m langen) Untersuchungsstrecken, welche hinsichtlich homogener Asphalttemperaturverläufe (Besonnung, Schatten) ausgewählt wurden, können diese Abweichungen als nachrangig angesehen werden. Bei großräumigeren Untersuchungen sind größere Streuungen zu erwarten, da dann auch unterschiedliche Besonnungen eine Rolle spielen können. Möglicherweise wird dies zusätzlich durch einen, wenn auch nur nachrangigen Einfluss des Temperaturgradienten unterstützt, wie dies bereits im Kap. 2 "Grundlagen" angesprochen wurde.

Die Regressionsparameter a und b wurden für jeden untersuchten Messpunkt für Vergleiche – wiederum differenziert nach Strecken – grafisch in Abb. 4.8 ausgewiesen. Es ist zu erkennen, dass die Strecke 141 im Mittel eine höhere Asphaltsteifigkeit bei 20 °C (Koeffizient a) mit tendenziell größeren Temperaturabhängigkeiten (Koeffizient b) aufweist. Die Ursache für die höheren Steifigkeiten bei 20 °C kann mit dem vorhandenen Datenkollektiv nicht analysiert werden. Es wird deshalb bis auf Weiteres von zufälligen und unsystematischen Streuungen ausgegangen.

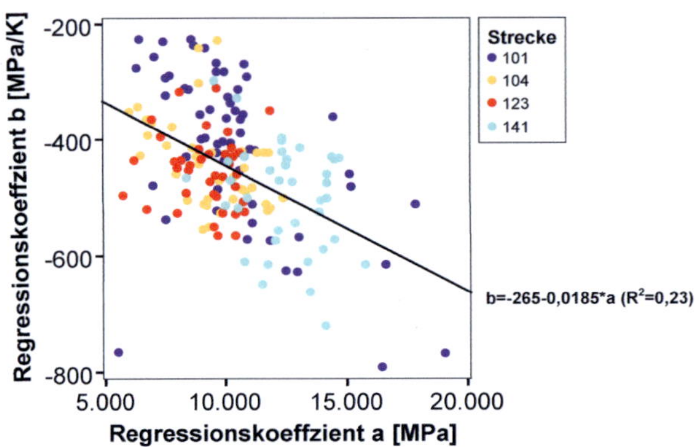

Abb. 4.8: Abhängigkeit des Temperatureinflusses (Regressionskoeffizient b) von der Asphaltsteifigkeit bei 20 °C (Regressionskoeffizient a) für jeden Messpunkt

Mit Abb. 4.5 und 4.8 wird deutlich, dass der Temperatureinfluss (Absolutwert des Parameters b) größer wird, je größer die jeweilige Asphaltsteifigkeit bei 20 °C (Parameter a) ist, wie dies mit den eingezeichneten Linien verdeutlicht wird (Abb. 4.5). Wäre der Temperatureinfluss unabhängig von der Größe der Asphaltsteifigkeit, müssten die Linien parallel sein. Mit einer Grenzwertbetrachtung kann dieses Phänomen plausibel dargelegt werden: Wird in der Asphaltschicht fiktiv der Bindemittelgehalt reduziert, vermindern sich die E-Moduln und der Temperatureinfluss bis hin zur den Größenordnungen ungebundener Schichten (geringe Steifigkeiten; keine Temperaturabhängigkeit).

Um diesen Sachverhalt zu erfassen, wurde mit den Werten der Abb. 4.8 eine lineare Regressionsrechnung durchgeführt, deren Ergebnis bereits in dieser Abbildung angegeben ist. Der damit erfasste Zusammenhang ist mit einem Bestimmtheitsmaß von 23 % allerdings nur sehr schwach. Eine verbesserte Beschreibung des Zusammenhangs durch Auswahl einer anderen Funktion wird nicht erwartet. Die Gründe für die verbleibende erhebliche Reststreuung können u.a. in unterschiedlichen Asphaltzusammensetzungen (Bitumen und Gesteinskörnungen) oder Alterungen liegen. Bei der Modellierung des Temperatureinflusses darf diese erhebliche Reststreuung nicht vernachlässigt werden. Deshalb wird sie durch stochastische Simulation mit dem Monte-Carlo-Verfahren in der Modellierung abgebildet. Die Vorgehensweise ist im folgenden Kapitel beschrieben.

5 Generierung und Klassifizierung theoretischer Deflexionsmulden

Die Generierung der theoretischen Deflexionsmulden erfolgt streng genommen nur hilfsweise, da

- im vorhandenen Datenkollektiv trotz der vergleichsweise großen Anzahl an Messdaten viele Randbedingungen noch nicht erfasst sind. Die Messdaten stammen nur von wenigen (Einzel-)Fällen (vier Untersuchungsstrecken), somit ist das Datenkollektiv "lückenhaft".

- ohne weitergehende (u.a. zerstörende) Untersuchungen der einzelnen Schichten keine objektive Beurteilung der Tragfähigkeit der einzelnen Schichten möglich ist. Lediglich mit Hilfe rückgerechneter Schicht-E-Moduln können indirekt Aussagen dazu getroffen werden.

Mit der Rückrechnung der Modellgrößen und der anschließenden Modellierung ist es dann aber möglich, die Methode der Klassifizierung aufzuzeigen und eine Klassierung der gemessenen Deflexionsmulden im Hinblick auf eine differenzierte Substanzbewertung der Straßenkonstruktion durchzuführen. Dies soll nachfolgend dargelegt werden.

5.1 Ablauf der Generierung von Deflexionsmulden und Ergebnisse

Abb. 5.1 gibt – als Auszug aus Abb. 4.1 – einen Überblick über den Ablauf bei der Generierung der Deflexionsmulden. Aufbauend auf den Ergebnissen der Datenanalyse können nun

1. die Bereiche der Modellgrößen festgelegt werden;

2. durch zufallsbasierte Auswahl (Monte-Carlo-Verfahren; hier mit Index I) der variablen Modellgrößen (Schicht-E-Moduln u. Schichtdicken) die Straßenkonstruktionen für Asphalttemperaturen von 20 °C modelliert werden (Schritt 1a);

3. nach der Festlegung von Steifigkeitsklassen (Unterkapitel 5.2) die Schichten anhand ihrer Steifigkeiten diesen Klassen zugeordnet werden (Schritt 1b);

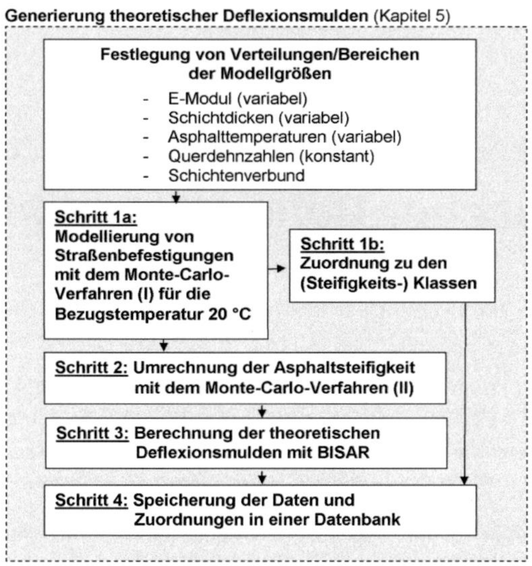

Abb. 5.1: Flussdiagramm zur Generierung und Klassifizierung theoretischer Deflexionsmulden

4. durch zufallsbasierte Auswahl einer Asphalttemperatur die jeweilige Asphaltsteifigkeit auf diese Randbedingung umgerechnet werden (Unterkapitel 5.1.3; Schritt 2);

5. die theoretischen Deflexionsmulden mit BISAR berechnet ("generiert"; Schritt 3) und anschließend zusammen mit den Steifigkeitsklassen in einer Datenbank gespeichert werden (Schritt 4).

5.1.1 Festlegung der Modellgrößenbereiche

Die Querdehnzahlen μ_i und Schichtenverbünde werden in dieser Arbeit als konstant angenommen (COST-Action 336, 2000; Shell, 1978). Eine Variation dieser Größen wird als nachrangig angesehen, da der Einfluss der Querdehnzahl auf die Deflexionsmulde gering ist und der variierende Schichtenverbund innerhalb der Asphaltpakete beispielsweise durch eine variierende Schichtsteifigkeit abgedeckt, somit indirekt bei der Klassifikation mit erfasst wird.

Zur Berechnung der theoretischen Deflexionsmulden wurde mit dem Monte-Carlo-Verfahren eine Variation der Modellgrößen in den in Tab. 5.1 angegebenen Spannweiten vorgenommen. Die Steifigkeiten (Schicht-E-Moduln) orientieren sich dabei an den Ergebnissen aus Kap. 4.2 und der Literatur (Tab. D.4 und D.5, Anlage D). Die Schichtdicken wurden in den Bereichen der RStO 01, Tafel 1, Zeile 1 (FGSV, 2001b) variiert.

Eingangsgrößen	Minimum (min)	Maximum (max)
Schicht-E-Modul [MPa]		
der Asphaltschicht **E1**(20 °C):	10	20.000
der ToB **E2**:	10	5.000
des Untergrunds/-baus **E3**:	10	1.000
Schichtdicke [cm]		
der Asphaltschicht **h1**:	10	40
der ToB **h2**:	20	100
Asphalttemperatur [°C]	5	30

Tab. 5.1: Spannweiten der für die Auswahl der Straßenmodelle zurgrundegelegten Gleichverteilungen

5.1.2 Zufallsbasierte Auswahl der Modellgrößen

Mit den als konstant angenommenen Größen und den festgelegten Spannweiten der variablen Größen kann nun prinzipiell zufallsbasiert mit dem Monte-Carlo-Verfahren eine unbegrenzte Anzahl an Straßenmodellen für die angegebene Konstruktionsart gebildet werden.

Als Wahrscheinlichkeitsverteilung p(x) (Abb. 5.2) werden für die Auswahl von Asphalttemperaturen, Schicht-E-Moduln und Schichtdicken Gleichverteilungen angesetzt. Dadurch soll der Merkmalsraum mit den möglichen Kombinationen an Randbedingungen annähernd vollständig und homogen abgedeckt werden. Weitere Fragestellungen stochastischer Art, welche für diese Auswahl andere Wahrscheinlichkeitsverteilungen wie z.B. Normalverteilungen erfordern, werden in dieser Arbeit im Zusammenhang mit der Modellierung des Temperatureinflusses behandelt.

Das Monte-Carlo-Verfahren kann, neben dem hier als Ziel gesetzten Ersatz von fehlenden Daten, auch für Sensitivitäts-, Fehlerfortpflanzungsanalysen und stochastische Analysen eingesetzt werden, wie dies in bisherigen Forschungsprojekten – z.B. Graves und Mahboub, 2007; Wüst, 1991; Zuo et al., 2007; Melchor-Lucero et al., 2002 – gezeigt wurde. Grundsätzlich ist bei computergestützer Anwendung dieses Verfahrens auf die Einschränkungen hinsichtlich der im Rahmen der Zufallsexperimente angesetzten "Pseudozufallszahlen" hinzuweisen, welche kurzgefasst zu Verzerrungen bei den Häufigkeitsverteilungen der Ergebnisse führen können (Henze und Kadelka, 2000). Um dieses Phänomen ausschließen zu können, sind die Verteilungen der Eingangsgrößen zu kontrollieren.

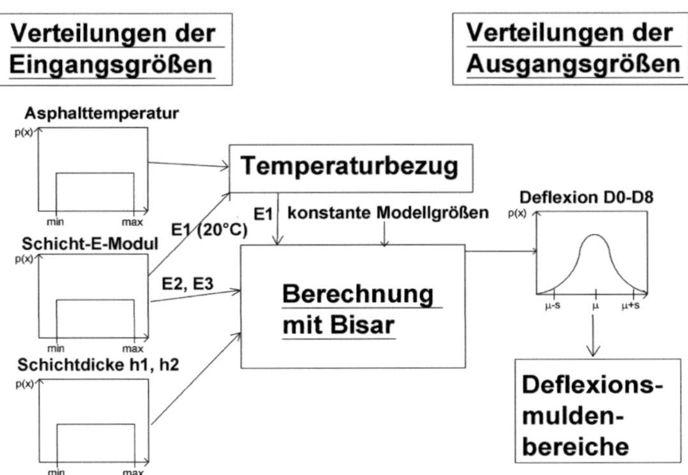

Abb. 5.2: Schema zur zufallsbasierten Zusammenstellung von Straßenmodellen und Berechnung von Deflexionsmulden; angelehnt an Graves und Mahboub (2007)

5.1.3 Modellierung des Temperatureinflusses

Zur Berücksichtigung der jeweils bei der Messung vorherrschenden Asphalttemperatur müssen die zunächst für eine Asphalttemperatur von 20 °C ausgewählten Asphaltsteifigkeiten auf die ausgewählte Asphalttemperatur umgerechnet werden. Um eine möglichst genaue Abbildung des in Kap. 4.3 festgestellten (unscharfen) Temperatureinflusses im vorgesehenen Modell für die Generierung der Deflexionsmulden nachzubilden (Abb. 5.1; Schritt 2), wurde die Modellierung dieser Abhängigkeit mit einer stochastischen Simulation, dem sogenannten Monte-Carlo-Verfahren ergänzt. Zur Beschreibung der hierfür anzusetzenden Wahrscheinlichkeitsverteilungen wurde für die Ermittlung der Streuungen um die Regressionsgeraden folgendermaßen vorgegangen:

Für die Bereiche der Asphaltsteifigkeiten bei 20 °C E1 "5.000 bis 8.000 MPa" und "12.000 bis 15.000 MPa" wurden die Häufigkeitsverteilungen der Regressionskoeffizienten b ermittelt (Abb. 5.3) und deren Basiskenngrößen (arithmetisches Mittel und Standardabweichung) einem Regressionskoeffizient a zugewiesen, welcher dem Mittelwert der innerhalb dieses Bereichs liegenden Werte darstellt (Tab. 5.2). Mit diesen beiden Stützstellen können für jede vorgegebene Asphaltsteifigkeit (bei 20 °C) eine mittlere Temperaturabhängigkeit μ_b und eine Streuung $\pm\sigma_b$ festgelegt werden. Mit diesen Größen kann eine mit Unschärfen behaftete Temperaturabhängigkeit b (MPa/K) ausgewählt werden, um damit letztendlich die für die Berechnung der Deflexionsmulde maßgebliche Asphaltsteifigkeit für Standard-Asphalttemperaturen zwischen 5 bis 30 °C ermitteln zu können. Die einzelnen Schritte der

Modellierung der Temperaturabhängigkeit werden mit einem Beispiel nachfolgend erläutert.

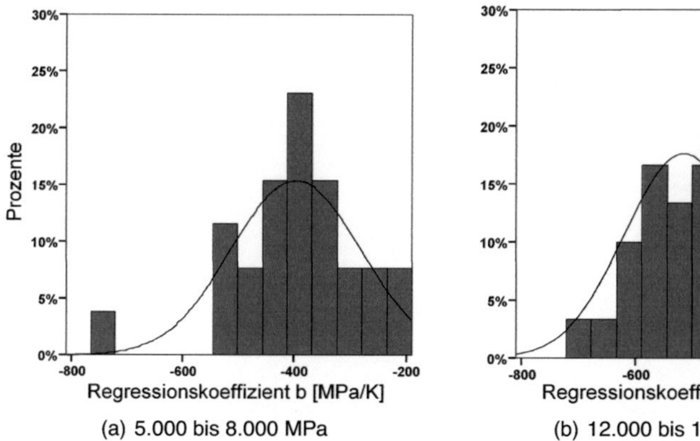

(a) 5.000 bis 8.000 MPa   (b) 12.000 bis 15.000 MPa

Abb. 5.3: Verteilung des Regressionskoeffizients b [MPa/K] für Steifigkeiten in den jeweils angegebenen Bereichen

Bereich a (E1 bei 20 °C) [MPa]	Anzahl der Fälle n [-]	arith. Mittel von a [MPa]	arith. Mittel von b [MPa/K]	Standardabweichung von b [MPa/K]
5.000 - 8.000	26	7.000	-395	113
12.000 - 15.000	31	13.500	-515	103

Tab. 5.2: Statistische Basiskenngrößen zur Verteilung des Regressionskoeffizients b

1. Für das Straßenmodell wird in den bereits festgelegten Spannweiten (Tab. 5.1) eine Asphaltsteifigkeit E1 zufällig gewählt, z.B. 11.000 MPa (bei 20 °C), sowie eine zum Zeitpunkt der Tragfähigkeitsmessung vorherrschenden Standard-Asphalttemperatur von
   bspw. 12 °C (Abb. 5.1; Schritt 1a).

2. Zur Berechnung der Asphaltsteifigkeit E1 bei 12 °C wird mit der folgenden Regressionsgleichung 5.1 die von der Asphaltsteifigkeit bei 20 °C (Abb. 5.4) abhängige mittlere
   Temperaturabhängigkeit μ_b berechnet.

$$\mu_b = -265 - 0,0185 \cdot E1(20\,°C) = -265 - 0,0185 \cdot 11.000 = -469 \quad \text{MPa/K} \qquad (5.1)$$

3. Zur Berücksichtigung der erheblichen Streuungen wird durch lineare Interpolation zwischen -395 und -515 MPa/K die Streuung bei -469 MPa berechnet, welche hier eine
   Standardabweichung $\pm\sigma_b$ von ca. 107 MPa/K ergibt.

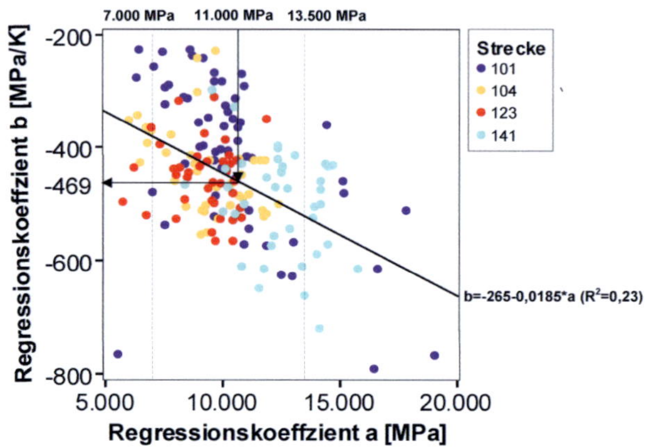

Abb. 5.4: Ermittlung des Temperatureinflusses (Regressionskoeffizient b) in Abhängigkeit von der Asphaltsteifigkeiten bei 20 °C (Regressionskoeffizient a)

4. Mit diesen Schätzwerten μ_b und $\pm\sigma_b$ für die Wahrscheinlichkeitsverteilung der mittleren Temperaturabhängigkeit kann eine mit Streuungen behaftete Temperaturabhängigkeit berechnet werden (Stichprobenergebnis: b = -500 MPa/K). Beispielhaft ist für diesen Fall in Abb. 5.5 die Häufigkeitsverteilung für 1.000 Stichproben angegeben.

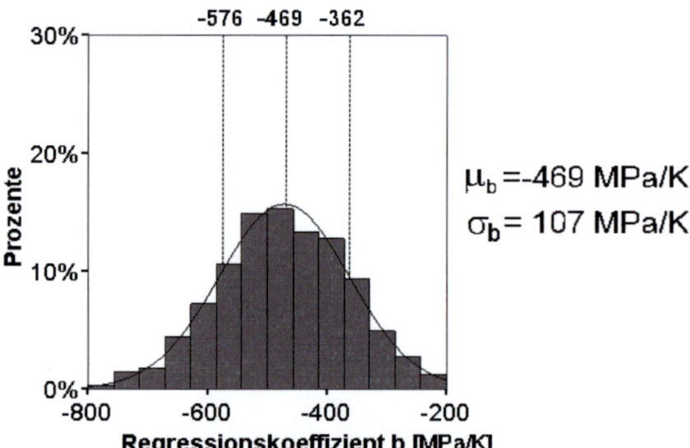

Abb. 5.5: Häufigkeitsverteilung der Regressionskoeffizienten b für eine mittlere Temperaturabhängigkeit μ_b von -469 MPa/K und einer Standardabweichung σ_b von 107 MPa/K bei 1.000 Stichproben

5. Der E1-Modul des Asphaltes bei T = 12 °C berechnet sich nun mit Gleichung 5.2 zu 15.000 MPa.

$$E1(12\,^\circ C) = E1(20\,^\circ C) + b \cdot (T - 20\,^\circ C) = 11.000 - 500 \cdot (12 - 20\,^\circ C)$$
$$= 15.000\,\text{MPa} \qquad (5.2)$$

In den Fällen, in denen die Temperaturabhängigkeit im Bereich des Mittelwertes $\mu_b \pm \sigma_b$ liegt, ergeben sich Steifigkeiten zwischen 13.896 und 15.608 MPa (Streuung: 5,8 %). Je entfernter die gewählte Asphalttemperatur von 20 °C liegt, umso größer sind die Streuungen.

5.1.4 Berechnung der theoretischen Deflexionsmulden und Tragfähigkeitskenngrößen

Nachdem die Asphaltsteifigkeit auf die während der Messung vorherrschende Asphalttemperatur umgerechnet wurde, kann durch "Vorwärtsrechnung" die theoretische Deflexionsmulde für die festgelegten Randbedingungen ermittelt werden. Dies wurde in dieser Arbeit mit der Software BISAR © durchgeführt (Abb. 5.1; Schritt 3). Ergebnisse hierzu sind die durch eine festgelegte Belastung von 50 kN hervorgerufenen theoretischen Deflexionen an den einzelnen Positionen der Geofone (Geofonabstände s. Anlage B). Die theoretischen Deflexionsmulden wurden sowohl für bisher noch nicht untersuchte Randbedingungen (z.B. Bauklasse III) wie auch für bereits untersuchte Randbedingungen berechnet.

Während für die Kalibrierung der Straßenmodelle Messergebnisse mit unterschiedlichen Geofonabständen berücksichtigt werden können, indem man bei der Rückrechnung jeweils die tatsächlichen Geofonabstände ansetzt, müssen bei der Berechnung der theoretischen Deflexionsmulden die Geofonabstände stets konstant gehalten werden. Deshalb ist es für die Anwendung der hier vorgestellten Methode erforderlich, die festgelegten Geofonabstände insbesondere während der Messung für die spätere Anwendung des generierten Datenpools und der KNN konstant einzuhalten.

Um für Vergleiche einen Bezug von den hier generierten Deflexionsmulden zu den im FE-Projekt 04.188 dargelegten Ergebnissen herstellen zu können, wurden die zugehörigen Zustandsindikatoren nach Jendia (1995) Untergrund/-bau-Indikator UI und Tragfähigkeitszahl Tz (Kap. 2.4) zusammen mit den Deflexionen im Lastzentrum D0 berechnet. Dies erfolgte im Gegensatz zu dem genannten Projekt in dieser Arbeit vereinfacht ohne Approximation der Deflexionsmulden (FGSV, 2006a) mit den Gleichungen 5.3, 5.4 und 5.5.

Die Tragfähigkeitszahl Tz berechnet sich nach Gleichung 5.3

$$Tz = \left(\frac{R0}{D0}\right)^{0,5} \; [-] \qquad (5.3)$$

mit dem Krümmungsradius R0:

$$R0 = a \cdot (D0 - D1)^b \quad [\text{m}] \tag{5.4}$$

und den von Jendia ermittelten Regressionskoeffizienten:

$$a = 2{,}6367 \cdot 10^4$$
$$b = -1{,}10353$$

Der Untergrund/-bau-Indikator UI kann direkt aus den Deflexionen D4 und D6 nach Gleichung 5.5 berechnet werden:

$$UI = D4 - D6 \quad [\mu\text{m}] \tag{5.5}$$

Die näherungsweise Berechnung der Kenngrößen ist möglich, da die Geofonabstände der gemessenen Deflexion denen nach Jendia (1995) entsprechen. Die sich daraus ergebenden Unterschiede zu den Kenngrößen, welche nach Approximation der Mulde ermittelt wurden, werden für die Interpretationen als unmaßgeblich erachtet, da Vergleiche von Roos et al. (2008) zeigten, dass die Zustandsgrößen beider Berechnungsverfahren sich in etwa auf gleichem Niveau befinden.

Aus Abb. 5.6 (zahlenmäßig in Tab. E.4 und E.5 der Anlage E) ist abzulesen, dass sich die Kenngrößen D0 und Tz nach Bauklassen (Asphaltschichtdicken) und Asphalttemperatur abstufen. Der Untergrund/-bau-Indikator UI weist dagegen im Wesentlichen gleichbleibende Verteilungen auf, zu den schwächeren Bauklassen hin leicht ansteigende Werte. Die große Anzahl der von SPSS als "Extremwerte" und "Ausreißer" ausgewiesenen Werte (s. Begriffe "Boxplot", Anlage A) werden mit den niedrigen Untergrenzen der Schichtsteifigkeiten und die dadurch verursachte progressive Zunahme der Deflexionen erklärt. Diese Werte sind aus bautechnischer Sicht nicht als Ausreißer anzusehen, sondern ergeben sich aufgrund von schiefen und zu den höheren Werten deutlich flacher abfallenden Häufigkeitsverteilungen, wie sie bspw. einer logarithmischen Normalverteilung entsprechen.

Insgesamt ergeben sich undifferenziert – d.h. ohne Einteilung in Steifigkeitsklassen – aufgrund der großen Spannweiten der Schichtsteifigkeiten, bisher auch große Streuungen in den damit generierten Deflexionsmulden und den daraus resultierenden Kenngrößen. Für eine Bewertung der Tragfähigkeit ist deshalb die Spannweite der Schichtsteifigkeiten in Klassen einzuteilen.

5.2 Klassenbildung

Die Einteilung der im vorherigen Unterkapitel festgelegten Bereiche (Tab. 5.1) erfolgte in Bezug zu dem hier zum Vergleich herangezogenen Datenkollektiv und seinen zugehörigen

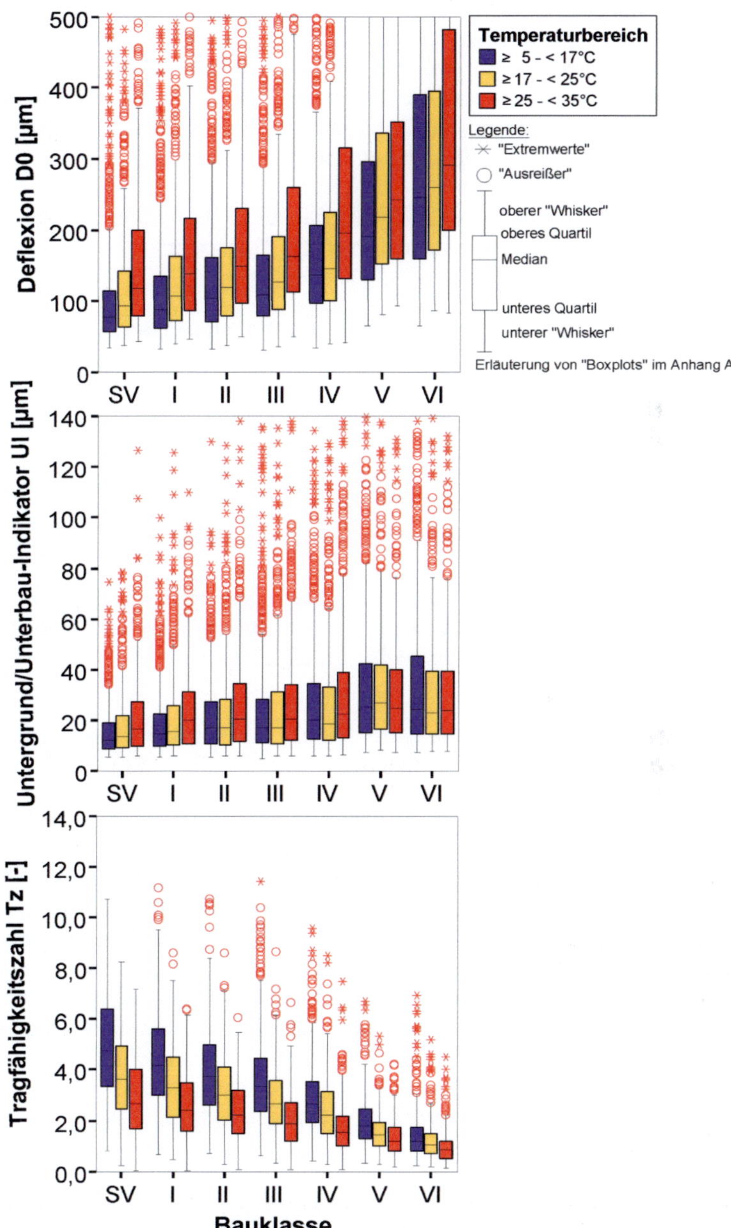

Abb. 5.6: Bauklassenabhängige Verteilungen der theoretischen Zustandsindikatoren für die verschiedenen Bereiche der Standard-Asphalttemperatur

Randbedingungen (natürliche Gesteinskörnungen, nicht felsiger Untergund). Diese stellen in dieser Arbeit das Referenzkollektiv dar. Entspricht die Bauweise diesem Referenzkollektiv, sollten die Klassierungen (s. Kap. 6.3) in der mittleren Klasse liegen. In dieser Arbeit wurden in Anlehnung an die Systematik der ZEB und auch vor dem Hintergrund eines verhältnismäßigen Rechen- und Darstellungsaufwands 5 Steifigkeitsklassen gewählt, die im nachfolgenden Unterkapitel genauer beschrieben werden.

Die festgelegte Steifigkeitsklasseneinteilungen für E1 bis E3 sind der Tab. 5.3 zu entnehmen. Nachfolgend werden die Asphaltschichten als Tragschichten mit Bindemittel, kurz "TmB", bezeichnet.

Faktoren	Steifigkeitsklasse						
[MPa]	5	4		3		2		1
	$\leq$	von	bis	von	bis	von	bis	$\geq$
E1 (TmB)	5.999	6.000	9.999	10.000	12.999	13.000	15.999	16.000
E2 (ToB)	99	100	249	250	499	500	999	1.000
E3 (UG/UB)	49	50	99	100	199	200	499	500

Tab. 5.3: Steifigkeitsklassen und Klassengrenzen der Schicht-E-Moduln

Die Steifigkeitsklassen der Asphaltschichten orientieren sich an den am vorhandenen Datenkollektiv berechneten Steifigkeiten bei Standard-Asphalttemperaturen von 20 °C (Abb. 5.7; statistische Basiskenngrößen in Tab. 5.4).

Anzahl [-]	arith. Mittel [MPa]	Standardabweichung [MPa]
177	10.446	2.515

Tab. 5.4: Statistische Basiskenngrößen zur Verteilung des Regressionskoeffizienten a

Berechnet man basierend auf den Erkenntnissen des Unterkapitels 4.3 "Analyse des Temperatureinflusses" und für zufällig ausgewählte Standard-Asphalttemperaturen die Asphaltsteifigkeiten und werden diese jeweils über die zugehörigen Standard-Asphalttemperaturen aufgetragen, ergibt sich, wie angestrebt, ein ähnliches Bild mit den theoretisch generierten Deflexionen (Abb. 5.8; oberes Bild) wie mit den Messdaten (Abb. 4.5). Die Steifigkeitsklasse 3 soll den Durchschnitt repräsentieren. Mit dem hier zugrundegelegten Datenkollektiv "natürliche Gesteinskörnung" und "nicht felsiger Untergrund" stellt die Klasse 3 somit für die Bewertung die Referenz dar. Die übrigen Steifigkeitsklassen wurden mit etwa gleichen Klassenbreiten ober- und unterhalb der Steifigkeitsklasse 3 eingeteilt (Abb. 5.8; unteres Bild).

Die Klasseneinteilung führt damit zu einer Aufteilung des Merkmalsraumes (schematisch in Abb. 5.9). Die aus den jeweiligen Steifigkeiten abgeleiteten Deflexionen der einzelnen Geo-

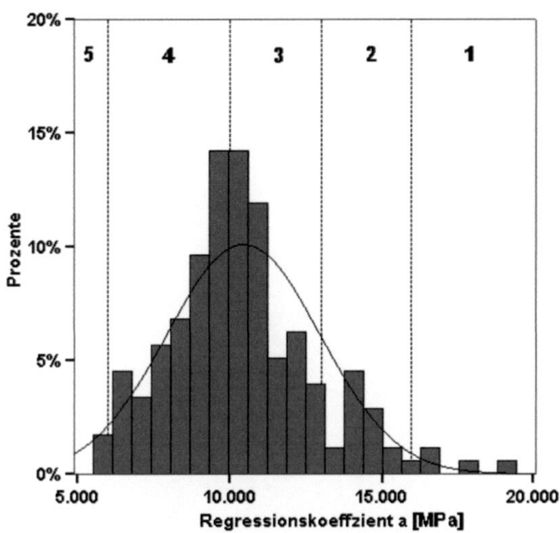

Abb. 5.7: Verteilung der Asphaltsteifigkeiten bei 20°C in MPa (Ziffern 1 bis 5: Steifigkeitsklasse Asphalt)

fone bilden zusammen mit den Schichtdicken der Konstruktion und der Asphalttemperatur einen Merkmalsvektor, welcher jeweils auf den entsprechenden Bereich der Steifigkeitsklassen deutet (Klassierung).

5.3 Ergebnisse der Klassifizierung

Es zeigt sich, dass trotz über 21.000 generierter Deflexionsmulden aufgrund der Vielzahl an Klassen (3 x 5 Steifigkeitsklassen, 3 Temperaturbereiche, 7 Bauklassen) und der daraus resultierenden großen Anzahl an Kombinationen ($5^3 \times 3 \times 7 = 2625$) die Anzahl der Elemente in den einzelnen Klassen kleiner 20 ist (Tab. E.6 und E.7 der Anlage E). Im Übrigen sind durch das Monte-Carlo-Verfahren und der Gleichverteilung der Zufallsvariablen die Steifigkeitsklassen aufgrund unterschiedlicher Klassenbreiten unterschiedlich stark besetzt. Insofern sind die in Abb. 5.10 ausgewiesenen Niveaus und Streuungen mit zunächst vereinzelt unplausiblen Reihungen (bspw. Deflexion D0 der Bauklasse VI) vor diesem Hintergrund zu sehen. Sie geben trotz dieser Einschränkung eine Orientierung auch für noch nicht untersuchte Bauklassen, insbesondere für die Tragfähigkeitszahl Tz, da diese Tragfähigkeitskenngröße weniger sensitiv auf die Streuungen aus der Untergrundsteifigkeit reagiert.

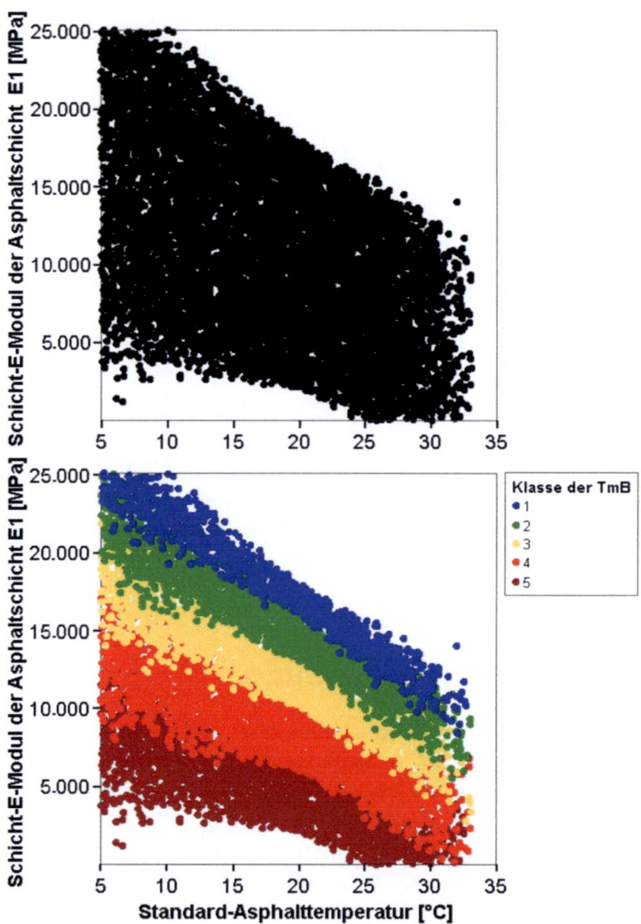

Abb. 5.8: Eingeteilte Merkmalsräume für die Asphaltsteifigkeiten aufgrund der festgelegten Steifigkeitsklassen

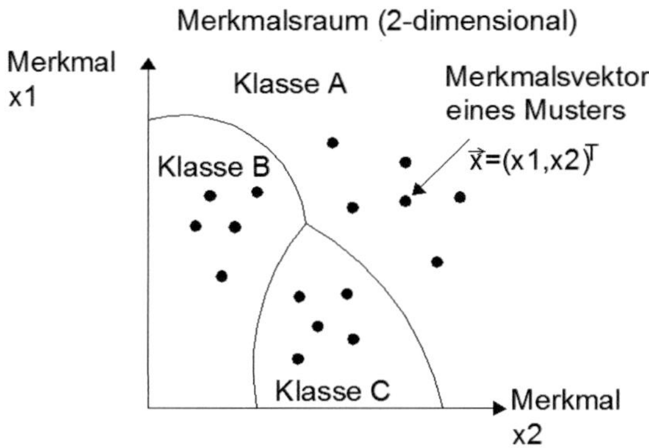

Abb. 5.9: Skizze eines Merkmalsraumes (Schnoerr, 2000)

Allerdings nimmt D0 hinsichtlich der Bauklassen deutlich weniger zu, als dies die Ergebnisse des FE-Projekts 04.188 erwarten lassen (Abb. 5.10). Auch die Tragfähigkeitszahl Tz nimmt von Bauklasse IV zu SV deutlich weniger zu als die bisherigen Ergebnisse nach Roos et al. (2008) dies ausweisen. Dies lässt vermuten, dass die dort angegebenen Abstufungen neben den Schichtdicken auch auf Unterschiede in den Materialien, geologischen Verhältnissen und/oder variierenden Einbauverhältnissen zurückzuführen sind und insofern weitere Differenzierungen erforderlich wären.

Mit dem nun vorhandenen theoretischen Vergleichskollektiv ist es möglich, die "wenigen" Tragfähigkeitsmessergebnisse weitergehend – prinzipiell auch durch statistische Analysen – zu vergleichen und zu differenzieren. Eine weitere Untergliederung der bisher vorhandenen Tragfähigkeitsmessdaten ist derzeit allerdings nur eingeschränkt möglich, da sich das theoretische Vergleichskollektiv mit seinen Spannweiten von Schicht-E-Moduln bereits an diesen Tragfähigkeitsmessdaten orientiert. Eine zukünftige Verfeinerung dieser Spannweiten könnte dazu beitragen, auch das bereits vorhandene Kollektiv an Tragfähigkeitsmessdaten detaillierter bewerten zu können.

Durch Klassierung der Tragfähigkeitsmessdaten anhand der nun vorhandenen Klassifikation stehen auch diese Messdaten nach Plausibilitätskontrollen als Bewertungsmaßstab zur Verfügung. Zukünftige Analysen und Vergleiche dieses Bewertungskollektivs mit weiteren Tragfähigkeitsmessergebnissen, vor allem der diesbezüglichen Strecken mit ihren individuellen Schadensentwicklungen, ermöglichen es dann, die Steifigkeitsklassen zu charakterisieren und ggf. in Form geänderter Zuordnungen zu den Steifigkeitsklassen neu zu justieren. Ohne den direkten Bezug zu Tragfähigkeitsmessergebnissen sind die nachfolgenden Beschreibungen der Klassen lediglich als Vorschläge für zukünftige Zuweisungen bestimmter struktureller Gegebenheiten zu den Klassen zu verstehen.

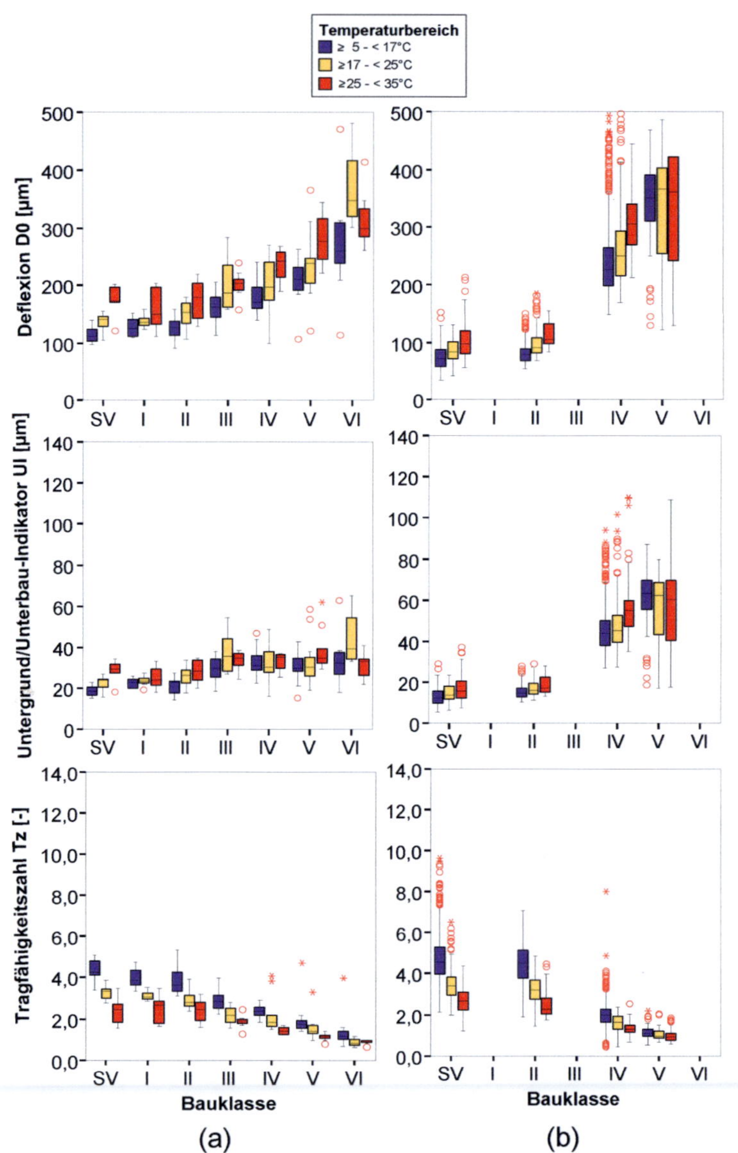

Abb. 5.10: Bauklassenabhängige Verteilungen der Zustandsindikatoren für die verschiedenen Bereiche der Standard-Asphalttemperatur für die Steifigkeitsklassen 3 (a: theoretisch generiert; b: aus dem FE-Projekt 04.188/2002/BGB (Roos et al., 2008);)

5.4 Beschreibung der Klassen

Die Zuordnung zu einer der Steifigkeitsklassen 1 bis 5 kann – entsprechend den Ausführungen in Kap. 2 "Grundlagen" – neben dem strukturellen Zustand auch andere Ursachen (Abweichungen von den Referenzen) haben. Diese Ursachen und die diesbezüglichen Beurteilungen sind in Tab. 5.5 angegeben. U.a. sind dies

- von den Soll-Werten bzw. den nominellen Angaben abweichende Ist-Schichtdicken (Untersuchungen hierzu wurden von Briggs et al. (1992) vorgenommen);

- von der Referenz abweichende oder inhomogene Materialien (z.B. künstliche Gesteinskörnungen);

- von den Referenzen abweichende Einbau-/geologische Verhältnisse.

Daher ist es erforderlich, je nach Fragestellung im Zweifelsfall ergänzende Informationen von zerstörungsfreien (z.B. Georadarmessungen) und/oder zerstörenden Untersuchungen (z.B. aus Bohrkernentnahmen) heranzuziehen und ggf. mit diesen detaillierteren Informationen die Auswertung zu wiederholen. Ergänzende Laboruntersuchungen können dann auch herangezogen werden, um – entsprechend den Ausführungen von Mehta und Roque (2003) – Schicht-E-Moduln bestimmter Schichten festzulegen und damit genauere bzw. plausible Ergebnisse für die übrigen Schichten zu berechnen.

Eine hohe Tragfähigkeit ist im Übrigen nicht gleichzusetzen mit einer geringen Schadensanfälligkeit der Straßenkonstruktion. So vermindert eine gut abgestufte und hohe Tragfähigkeit zwar die Gefahr von frühzeitigen Ermüdungsrissen, dies kann jedoch – je nach hervorgerufenen Beanspruchungszuständen – eine Beschleunigung der Spurrinnenbildung verursachen, wie dies bspw. auf Brücken deutlich wird. Ist zudem die Tragfähigkeit auf eine übermäßige Verdichtung der ungebundenen Tragschichten zurückzuführen, können die dadurch verursachten Kornzertrümmerungen und Kornverfeinerungen den Feinanteil in einem Maße erhöht haben, dass hierdurch die Wasserdurchlässigkeit dieser Schicht vermindert wird. Das Risiko der damit in Zusammenhang stehenden Schadensmechanismen kann dann erhöht sein.

Die hier angegebenen Klassen dürfen aus diesen Gründen nicht mit den Klassen der ZEB gleichgesetzt werden. Sie sind vielmehr ein Zwischenschritt hierzu. Erst die zukünftige Klassifizierung von den mit den Steifigkeiten im Zusammenhang stehenden Bemessungskriterien unter Berücksichtigung von zeit-/beanspruchungsbedingten Veränderungen ermöglichen weitergehende Aussagen hinsichtlich des Tragverhaltens und/oder der Entwicklung der mit der Tragfähigkeit in Zusammenhang stehenden Schadensmerkmale.

Mit den nun klassifizierten Straßenmodellen bzw. den diesbezüglichen Deflexionsmulden können jedoch bereits zu diesem Zeitpunkt für Straßenkonstruktionen – auch bei Randbedingungen, die noch nicht untersucht wurden – qualitative Einstufungen vorgenommen

Steifigkeitsklasse	Beurteilung
Tragfähigkeit des Gesamtsystems	
1	sehr gut
2	überdurchschnittlich
3	durchschnittlich
4	unterdurchschnittlich
5	mangelhaft
Verdichtung	
1	sehr hohe Verdichtung
2	hohe Verdichtung
3	durchschnittliche Verdichtung
4	unterdurchschnittliche Verdichtung
5	mangelhafte Verdichtung
Schichtdicke	
1	deutlich dicker als angenommen
2	dicker als angenommen
3	entspricht den Annahmen
4	dünner als angenommen
5	deutlich dünner als angenommen
Schichtenverbund	
1	Schichtenverbund vorhanden
2	Schichtenverbund vorhanden
3	Schichtenverbund vorhanden
4	unzureichender Schichtenverbund
5	mangelhafter Schichtenverbund
Material	
1	deutlich tragfähiger als Referenzmaterial
2	tragfähiger als Referenzmaterial
3	entspricht der Tragfähigkeit des Referenzmaterials
4	geringere Tragfähigkeit als Referenzmaterial
5	deutlich geringere Tragfähigkeit als Referenzmaterial
Sonstige Ursachen	
1	latent hydraulische Verfestigung
2	von RC-Materialien
3	-
4	ungünstige hydrologische Bedingungen
5	z.B. durch defekte Entwässerungseinrichtungen

Tab. 5.5: Einflussfaktoren auf die Steifigkeitsklassen und diesbezügliche Beurteilungen

werden. Analog zum FE-Projekt 04.188 können hierfür die Deflexionsmuldenintervalle, wie sie in Abb. 5.11 beispielhaft für die Steifigkeitsklassen 3 und der Bauklasse III angegeben wurden, ausgewiesen werden.

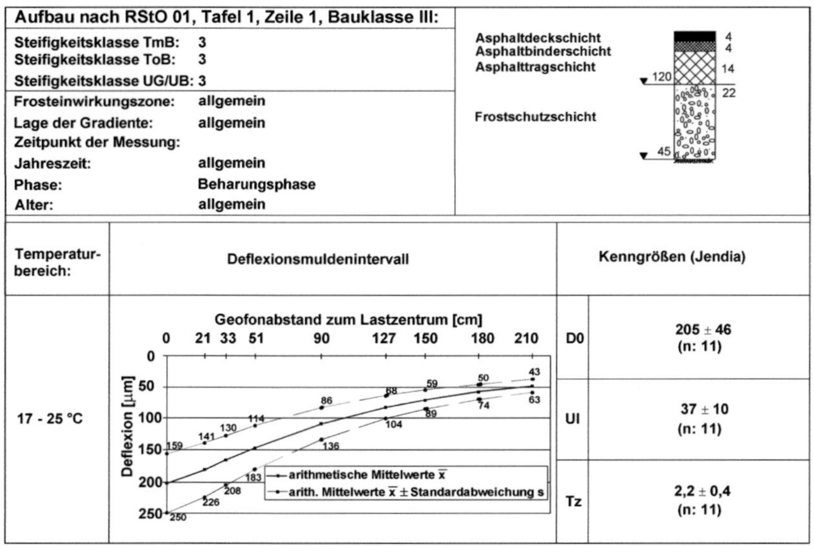

Abb. 5.11: Beispiel für klassifizierte und katalogisierte Deflexionsmulden (vgl. Abb. 1.1)

6 Klassierung mit Künstlichen Neuronalen Netzen

Zur praktikablen Anwendung der nun vorhandenen klassifizierten Datenbasis wird der Einsatz von KNN empfohlen. Zur Erläuterung des Prinzips und Analyse des Verfahrens wurde entsprechend nachfolgendem Flussdiagramm (Abb. 6.1) vorgegangen.

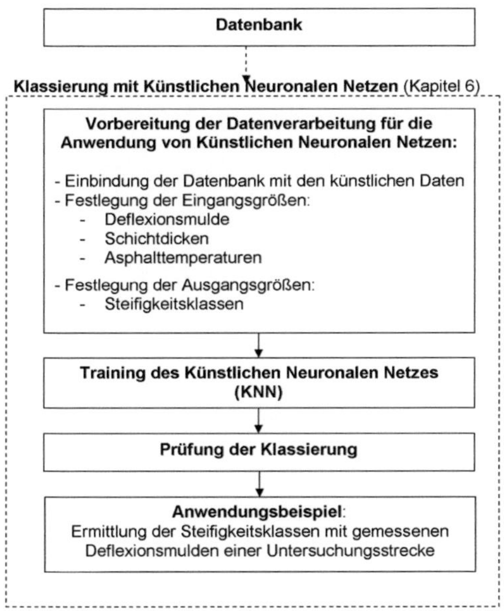

Abb. 6.1: Vorgehensweise bei der Klassierung mit KNN

6.1 Vorbereitung und Training eines Künstlichen Neuronalen Netzes

Für die Netzkonstruktion müssen zuerst die Eingabe- und Ausgabegrößen sowie deren *Skalenniveau* (metrisch, ordinal, nominal) festgelegt werden.

Die **Eingangsgrößen** (Skalenniveaus: metrisch) sind

- Schichtdicken (Asphaltschicht, ToB, Untergrund/-bau) [cm]

- (Standard-)Asphalttemperatur im oberen Drittelspunkt des Asphaltpakets [°C]

- Deflexion an den in Anlage B angegebenen Positionen [μm]

Ausgabegrößen sind die (Steifigkeits-)Klassen der einzelnen Schichten (1 bis 5 [-]; Skalenniveau: ordinal).

Um die optimale Netztopologie (Multilayer-Feedforward-Netz; Riedmiller und Braun, 1993) zu ermitteln, wurden die Trainingsabläufe zuerst automatisch mit variierenden Anzahlen an Schichten und Neuronen durchgeführt (Clementine, 2005). Die angewandte Methode beginnt mit einem großen Netzwerk und entfernt im Laufe des Trainings die schwächsten Einheiten in der Eingabeschicht und den verdeckten Schichten. Die höchste Genauigkeit lag bei 78 % (Verhältnis der korrekten Klassierungen zu allen Klassierungen) bei einem 12-27-17-12-Netz (analog zu Abb. 3.3: N-N1-N2-N3; s. Kap. 3.5.2).

6.2 Überprüfung des Künstlichen Neuronalen Netzes

Grundsätzlich sind die KNN, wie jedes andere statistische Analyseverfahren, bestrebt, das angebotene Datenmaterial mit möglichst geringem Fehler nachzubilden. Dementsprechend tendieren die Netze dazu, funktionale Abhängigkeiten dergestalt zu nutzen, auch "Ausreißer" im Datenmaterial abzubilden. Deshalb müssen Darstellungen der Ergebnisse Neuronaler Netze in Form von Fehleranalysen besonders kritisch hinterfragt und vorsichtig interpretiert werden. Darum wurden für die Fehleranalyse weitere künstliche Datensätze generiert, die im belernten Material nicht vorkommen.

Da in dieser Arbeit für das Training des Netzwerkes ausschließlich die theoretisch generierten Daten herangezogen wurden und damit davon ausgegangen wird, dass das Trainingskollektiv "fehlerfrei" ist, besteht keine Gefahr der Übertrainierung des Netzes. Grundsätzlich sollte jedoch das zukünftige Bestreben sein, die Anzahl der Neuronen im Hinblick auf eine hinreichende Generalisierung zu reduzieren, so dass zukünftig auch – z.T. "fehlerhafte" – eingebundene Messdaten zu einer optimalen Klassierung

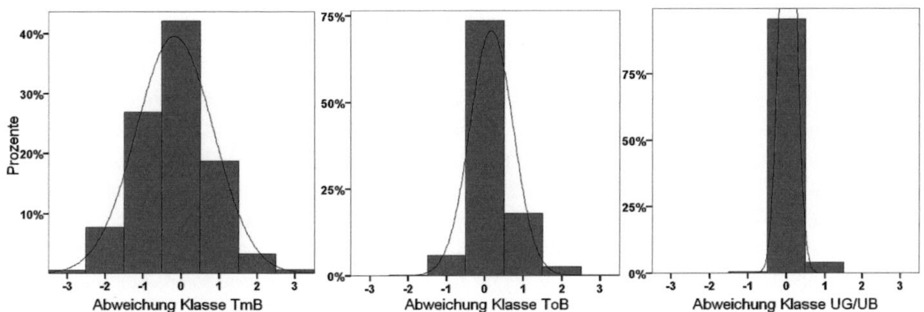

Abb. 6.2: Abweichung der Klassierung des KNN von den "konventionellen" Zuordnungen

führen. Fehlerhaft bedeutet, dass die Messdaten entweder aufgrund technischer Defekte oder durch Zuordnung falscher Informationen (Schichtdicken, Temperaturen) verfälscht sind.

Das KNN wurde mit über 21.000 Datensätzen trainiert, die Validierung erfolgte mit ca. 9.500 zusätzlich generierten Datensätzen. Es zeigt sich generell, dass der Untergrund/-bau am zuverlässigsten klassiert wird, die Tragschicht ohne Bindemittel demgegenüber mehr Fehlklassierungen und die Klassierung der Asphaltschichten die größte Fehleranfälligkeit aufweist (Anlage F). Für beide angewendeten Programme ("Clementine" © und "KNIME" ©) ergeben sich ähnlich präzise Klassierungen.

Das gleiche Bild ergibt sich, wenn die Abweichung der Klassierung aller für diese Arbeit herangezogenen Messdaten durch dass KNN von den Steifigkeitsklassen der ("konventionellen") Klassierung, die sich anhand der rückgerechneten Schicht-E-Moduln und der in Kap. 5.2 angegebenen Grenzen ergeben, aufgetragen werden (Abb. 6.2).

Die verbleibenden Fehlklassierungen können auf die nachfolgend angegebenen Punkte zurückgeführt werden:

- Die Anzahl der theoretisch generierten Datensätze ist so gering, dass im ungünstigten Fall Klassen nicht ausreichend besetzt sind, so dass die Klassengrenzen nicht optimal gezogen werden können.

- Die in den FWD-Messdaten enthaltenen Unschärfen bezüglich des Temperatureinflusses und deren Modellierung führen zwangsläufig zu Unschärfen in der Klassierung. Je weiter die Werte von der Standard-Asphalttemperatur von 20 °C entfernt liegen, umso größer werden die Unschärfen. Das Netz klassiert in diesen Fällen in die Steifigkeitsklasse, in der die meisten Werte in dem entsprechenden Bereich des Merkmalsraumes liegen (Abb. 5.9). Das KNN reagiert somit vergleichsweise unempfindlich auf vereinzelte "Ausreißer". Dies ist insbesondere bei ausschließlicher Anwendung von Messdaten vorteilhaft. Bei theoretisch generierten Datensätzen ist allerdings nicht von fehlerhaften

Daten auszugehen. Hier führen die stochastisch simulierten Unschärfen zu Fehlklassierungen.

- Die Deflexionen reagieren empfindlicher auf die Steifigkeit der ungebundenen Schichten als auf die Asphaltschichten. Während sich die Steifigkeitsklassen der ungebundenen Schichten deutlich besser abgrenzen, haben bereits kleine Deflexionsunterschiede bei der Klassierung der Asphaltsteifigkeiten einen erheblichen Einfluss. Die naturgemäßen – wenngleich auch nur wenige μm großen – messsystembedingten Streuungen bei den Deflexionsmessungen, führen deshalb zu Unschärfen innerhalb der Klassifikation der Asphaltschichten und etwas weniger auch bei der Klassifikation der ToB.

6.3 Anwendungsbeispiel

Mit dem erstellten Netz kann durch eine direkte Anbindung an die FWD-Datenbank nun auf einfache Weise auch eine große Menge an FWD-Messdaten klassiert werden, da hierzu nur ein vergleichsweise geringer Rechenaufwand erforderlich ist. Der Anwender muss zur Klassierung lediglich die relevanten Eingangsgrößen eingeben und bekommt umgehend die zugeordneten Steifigkeitsklassen ausgewiesen.

Zur Veranschaulichung der Anwendung der Klassifikation wurde als Anwendungsbeispiel die Messdaten der Strecke 123 herangezogen. Eine Klassierung mit dem KNN ist bisher uneingeschränkt zulässig, da die diesbezüglichen Daten noch nicht dem Trainingsdatensatz angehören, welcher vorliegend ausschließlich aus theoretisch generierten Daten besteht.

Neben bemerkenswerten visuell festgestellten Besonderheiten, die hier informativ angegeben sind, sind in Abb. 6.3 die mit dem KNN klassierten Steifigkeitsklassen der einzelnen Schichten angegeben, die mit den "konventionelle" Zuordnungen verglichen werden können. Demnach ist die Tragfähigkeit dieser Strecke – wenn man die Tragfähigkeit der Steifigkeitsklassen 3 entsprechend den Ausführungen des Kap. 5.2 als Maßstab ansieht – pauschalierend für die ungebundenen Schichten (ToB und Untergrund) überdurchschnittlich, die Asphaltschichten als unterdurchschnittlich einzustufen. Im Bereich des Unterabschnitts 2 liegen für die ToB vergleichsweise höhere, im Bereich des Unterabschnitts 3 tendenziell geringere Tragfähigkeiten vor (s. auch Anlage C). Die Klassierung des KNN weicht insbesondere bei der Asphaltschicht von der konventionellen Klassierung geringfügig ab, das Gesamtbild ist dennoch sehr ähnlich.

Fragestellungen, inwieweit das Tragfähigkeitsniveau von der Nutzungsdauer von über 20 Jahren geprägt oder Abhängigkeiten der Tragfähigkeit zu den Oberflächenmerkmalen bestehen, müssen im Rahmen dieser Arbeit unbeantwortet bleiben. Da durch die Klassierung zusätzlich zum Aufbau nun die Steifigkeitsklassen bekannt sind, ist jedoch eine

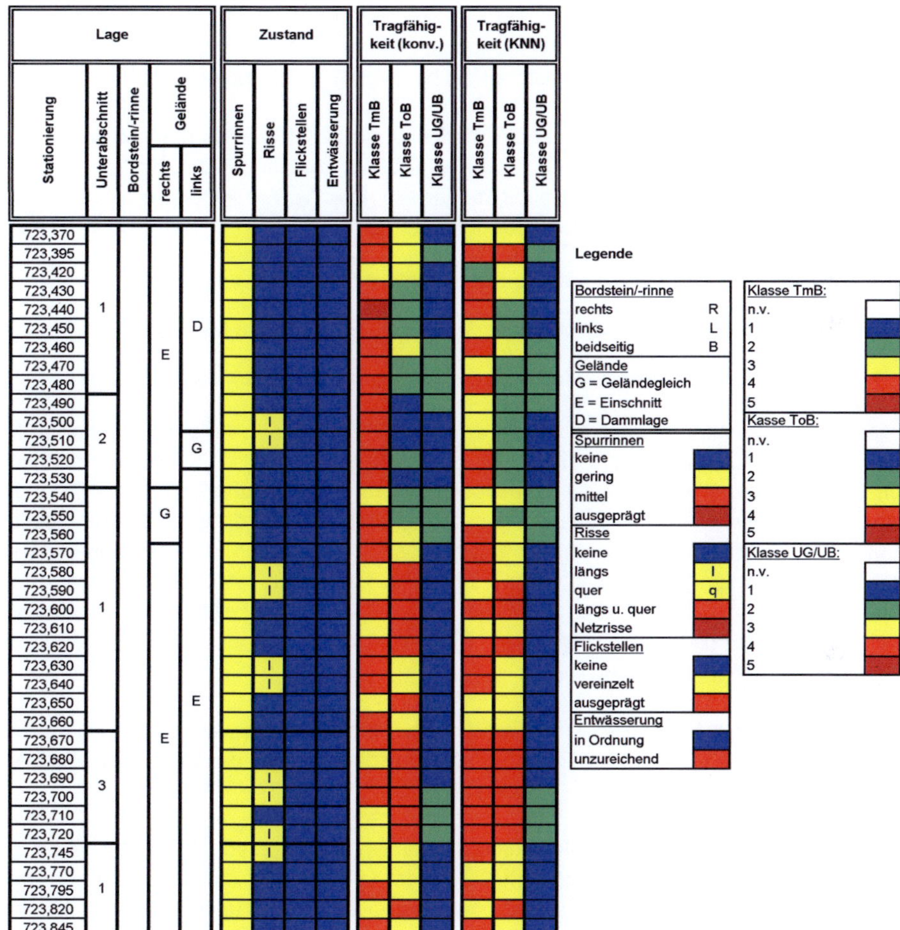

Abb. 6.3: Örtliche Gegebenheiten, visueller Zustand und klassierte Tragfähigkeit (Messtermin: September 2004, rechte Radspur; KNN: KNIME)

Abschätzung der Beanspruchungszustände innerhalb der Konstruktion für festgelegte Bemessungskriterien (im Allgemeinen Zugdehnung an der Unterkante der Asphaltschicht, Druckspannungen an der Oberkante der ToB/Untergrund/Unterbau) möglich. Die Maxima und Minima dieser drei Bemessungskriterien wurden für sämtliche Klassenkombinationen für die nominell angegebenen Schichtdicken (Asphaltschichtdicke h1: 28 cm; Dicke der ToB h2: 42 cm) mit dem Programm BISAR berechnet (Anlage G). Die Matrix vergrößert sich mit der Anzahl unterschiedlicher Schichtdickenkombinationen dementsprechend.

Für den konkreten Fall – hier z.B. bei der Stationierung 723,460 (Abb. 6.3) – ergeben sich bei der Steifigkeitskombination 4-3-2 (Tmb-ToB-UG/UB) die nach Tab. G.2 der Anlage G ausgewiesenen Spannweiten der Beanspruchungen unter Voraussetzung einer statischen Last von 50 kN und einer Asphalttemperatur von 20°C:

- (Zug-)Dehnung an der Unterkante der Asphaltschicht: 38 bis 68 $\mu m/m$

- (Druck-)Spannung an der Oberkante der ToB: 0,037 bis 0,078 MPa

- (Druck-)Spannung an der Oberkante des Untergrundes: 0,014 bis 0,025 MPa

Diese Größen könnten danach in Bezug zu noch festzulegenden Anforderungswerten für weitergehende Auswertungen (Berechnung der Lastwechselzahlen unter Zugrundelegung von Ermüdungsgesetzen) oder als Eingangsgrößen für Materialuntersuchungen, bspw. für den Spaltzugschwellversuch nach der diesbezüglichen Arbeitsanleitung (FGSV, 2006b), herangezogen werden. Die daraus ableitbaren Aussagen sind aufgrund der verhältnismäßig großen Spannweiten bisher unscharf. Es ist deshalb zukünftig festzulegen, welche Klassenbreiten akzeptabel sind, und danach die Anzahl der Steifigkeitsklassen zu erhöhen oder durch weitere Differenzierungen nach Einflussfaktoren die Spannweite der zulässigen Steifigkeitswerte einzugrenzen.

Abschließend können mit Hilfe des Anwendungsbeispieles die Möglichkeiten und Grenzen der Bewertung mit empirischen Tragfähigkeitskennzahlen – hier der Zustandsindikatoren D0 sowie UI und Tz nach Jendia – diskutiert werden.

In den Abb. 6.4 bis 6.6 sind die Verteilung der Zustandsindikatoren D0, UI und Tz für die Bauklasse II und den unterschiedlichen Bereichen der Standard-Asphalttemperatur unter Variation einer Steifigkeitsklasse und konstant festgelegte Steifigkeitsklassen der übrigen beiden Schichten (Klasse 3) dargestellt (Minimal- und Maximalwerte sind den Tab. E.8 bis E.10 der Anlage E zu entnehmen). Diese Abbildungen bestätigen mit den Verläufen der jeweiligen Zustandsindikatoren ihre in Tab. 2.2 angegebenen Definitionen:

Der Zustandsindikator D0 wird vorrangig von der Steifigkeit des Untergrundes bestimmt, weist jedoch auch Abhängigkeiten zur Steifigkeit der ungebundenen Tragschicht und nachrangig zur Asphaltschicht auf. Der Zustandsindikator UI reagiert auf die Steifigkeit des Untergrundes wie auch auf die Steifigkeit der ungebundenen Schichten, stellt sich jedoch

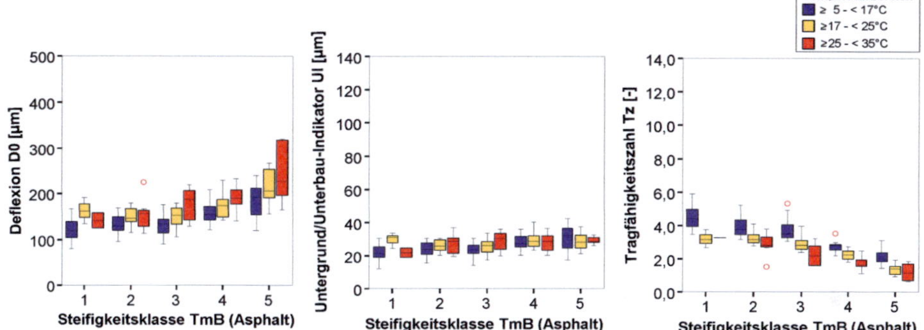

Abb. 6.4: Verteilungen der Zustandsindikatoren D0, UI und Tz für die verschiedenen Steifigkeitsklassen TmB und Bereiche der Standard-Asphalttemperatur (Bauklasse II, Steifigkeitsklasse ToB und UG/UB: 3)

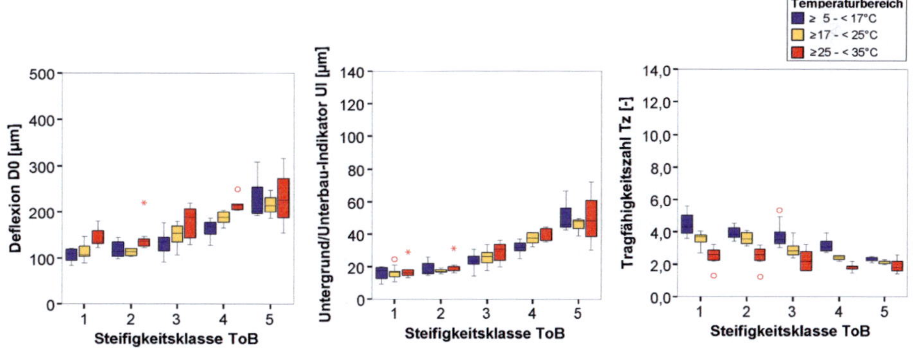

Abb. 6.5: Verteilungen der Zustandsindikatoren D0, UI und Tz für die verschiedenen Steifigkeitsklassen ToB und Bereiche der Standard-Asphalttemperatur (Bauklasse II, Steifigkeitsklasse TmB und UG/UB: 3)

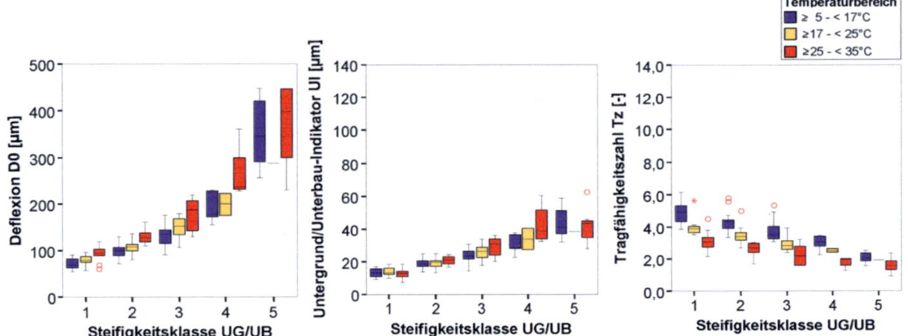

Abb. 6.6: Verteilungen der Zustandsindikatoren D0, UI und Tz für die verschiedenen Steifigkeitsklassen UG/UB und Bereiche der Standard-Asphalttemperatur (Bauklasse II, Steifigkeitsklasse TmB und ToB: 3)

erwartungsgemäß unabhängig von der Asphaltsteifigkeit dar. Eine Abgrenzung zwischen Untergrund und den ungebundenen Schichten des Oberbaues ist unter Zugrundelegung der Straßenmodelle – wie es bereits den Anmerkungen der Tab. 2.2 zu entnehmen ist – nicht möglich. Außerdem zeigt dieser Indikator eine geringfügige Abhängigkeit von der Asphalttemperatur, wie dies bereits von Roos et al. (2008) nachgewiesen wurde. Zustandsindikator Tz als Indikator für die Gesamtkonstruktion einer Straßenbefestigung zeigt eine deutliche Abhängigkeit zu allen Schichtsteifigkeiten und zur Variation der Standard-Asphalttemperatur.

Mit diesen empirischen Tragfähigkeitskenngrößen ist es möglich, mit verhältnismäßig geringem Auswertungsaufwand pauschale Einschätzungen zur Tragfähigkeit der Gesamtkonstruktion und der ungebundenen Schichten sowie relative Vergleich innerhalb der Strecke vorzunehmen, ohne Annahmen im Vorfeld treffen zu müssen. Deren Niveaus werden jedoch deutlich von den konstruktiven Gegebenheiten der Straßenkonstruktion (Aufbau, Materialien) und den während der Messung vorherrschenden Witterungsbedingungen (Asphalttemperatur) bestimmt. Insofern sind bei der Bewertungen auf Basis dieser Tragfähigkeitsgrößen die jeweilig bei den Messungen vorgefundenen Randbedingungen bei der Interpretation zu berücksichtigen und deren Einfluss ggf. durch die Fachkenntnis der mit der Tragfähigkeitsuntersuchung beauftragten Ingenieure einzuschätzen und zu beurteilen.

Für weitergehende Vergleiche oder Aussagen zu Beanspruchungsgrößen innerhalb der Straßenkonstruktion ist es erforderlich, Straßenmodelle anzulegen. Diese bauen auf Annahmen und Festlegungen auf, die je nach Realitätsbezug mehr oder weniger große Unschärfen hervorrufen, so dass diese stets mit realen Messdaten kalibriert und kontrolliert werden sollten. Danach ist es jedoch unter Tolerierung oder evtl. Berücksichtigung dieser Unschärfen möglich, die Ergebnisse auf Referenzbedingungen zu beziehen und Vergleiche unterschiedlicher Tragfähigkeitsmessergebnisse vorzunehmen, um letztendlich Einstufungen entsprechend der in dieser Arbeit dargelegten Vorgehensweise vornehmen zu können. Der Einfluss einzelner Einflussgrößen wie Schichtdicken und Asphalttemperatur wird dabei bereits bei der Auswertung berücksichtigt. Der mit der Tragfähigkeitsuntersuchung beauftragte Ingenieur muss aber auch in diesem Fall noch eigene Einschätzungen zu Art und Größe der übrigen maßgeblichen Einflussgrößen (Schichtenverbund, hydrologische Verhältnisse, Materialien) vornehmen.

Sowohl die Bewertung mit den unmittelbar aus den Deflexionswerten berechneten Tragfähigkeitskenngrößen wie auch auf Basis rückgerechneter Schicht-E-Moduln weisen stets das Defizit auf, dass die Informationen aus neun gemessenen Deflexionen auf 2 bis 3 Größen reduziert werden (bspw. D0, UI, Tz oder E1, E2, E3). Dabei gehen aufwändig ermittelte Informationen verloren, weil sie entweder nicht bei der Auswertung berücksichtigt oder aufgrund mathematischer Approximationen nur unzureichend abgebildet werden. Es sollte deshalb mittelfristiges Ziel bleiben, zukünftige Klassierungen auf Basis eines Datenkollektivs vorzunehmen, welches zum Großteil aus klassifizierten Tragfähigkeitsmessgrößen besteht.

7 Zusammenfassung und Ausblick

7.1 Zusammenfassung

Eine Vielzahl an Einflussfaktoren mit ihren spezifischen Streuungen führt in situ zu einer großen Variation an Tragfähigkeitsmustern als Merkmal für strukturelle Gegebenheiten einer Straßenkonstruktion. Jede Strecke weist insofern eine einzigartige Kombination dieser Einflussfaktoren auf und stellt somit ein Unikat dar.

Diese individuelle Tragfähigkeitscharakteristik kann mit dem Falling Weight Deflectometer erfasst und somit die Substanz der jeweiligen Straßenkonstruktion beschrieben werden. Die Tragfähigkeit kann durch Wiederholungsmessungen beobachtet werden, um damit für die Substanzbewertung die zeitliche Änderung der Tragfähigkeit (Tragverhalten) festhalten und beschreiben zu können. Diese Vorgehensweise ist jedoch sehr zeit- und somit kostenintensiv, da die Wiederholungsmessungen über einen langen Zeitraum erfolgen sollten (Roos et al., 2008).

Alternativ hierzu wurde bereits von Roos et al. (2008) exemplarisch ein Katalog an Tragfähigkeitsmustern angelegt, welcher für Vergleiche mit in situ erfassten Tragfähigkeitsmustern herangezogen werden kann. Wegen der erheblichen Streuungen der Tragfähigkeitskenngrößen war es bei der Erstellung des Katalogs notwendig, eine Klasseneinteilung über die Bauweisen und -klassen hinaus vorzunehmen. Trotzdem sind aufgrund der Vielzahl an maßgebenden Einflussfaktoren und deren großen Spannweiten und der demgegenüber kleinen Stichprobe an Untersuchungsstrecken die Klassenbreiten verhältnismäßig groß. Dies führt zu Unschärfen und damit verbundenen Unsicherheiten bei der Bewertung. Es führt außerdem dazu, dass nur für ausgewählte Randbedingungen die Tragfähigkeitsmuster in Form von Deflexionsmuldenbereichen und statistischen Basiskenngrößen aus daraus abgeleiteten Muldenparametern (Maßzahlen) vorliegen.

Zur fundierten Bewertung dieser durch Messung erfassten Tragfähigkeitsmuster und letztendlich der dadurch zu charakterisierenden Substanz bestand das Ziel darin, durch Modellrechnungen das für Vergleiche vorhandene Kollektiv an Tragfähigkeitsmessdaten mit theoretisch generierten Tragfähigkeitsmustern in Form von Deflexionsmulden zu erweitern und eine Methode zur Klassifikation der darin enthaltenen Daten zu entwickeln und darzustellen.

Anhand vorhandener Tragfähigkeitsmessdaten wurden zunächst die Niveaus und Streumaße der für die Modellierung von Straßenkonstruktionen relevanten Schicht-E-Moduln von FWD-Messergebnissen der Bauweisen "Asphaltschichten auf ungebundener Tragschicht" (RStO 01, Tafel 1, Zeilen 1, 3, 4 und 5) durch "Rückrechnung" bestimmt (Kap. 4). Für die dafür erforderliche Modellierung von Straßenkonstruktionen sind die Art des mechanischen Systems und die Art der Lastaufbringung festzulegen. In einem ersten Schritt wurde mit vereinfachten Annahmen (linear-elastisches System und statische Last) gearbeitet, da aufgrund der anschließenden Anwendungen des Monte-Carlo-Verfahrens (zufallsbedingte Auswahl der Modellgrößen) eine Vielzahl an Berechnungen durchzuführen sind.

Aufgrund einer nur unzureichenden Informationsdichte zu den jeweiligen Untersuchungsstrecken führten die zu treffenden Annahmen zu Unschärfen und großen Streuungen der Schicht-E-Moduln, so dass die danach festgelegten Spannweiten verhältnismäßig groß sind. Trotz einer Vielzahl an Straßenmodellen und daran ermittelten Deflexionsmulden sind aufgrund dieser großen Spannweiten und der Vielzahl an möglichen Randbedingungen für spezielle Gegebenheiten nur vergleichsweise wenige Daten für Vergleiche vorhanden. Nach Ergänzung durch weitere Messdaten können auf Basis statistischer Analysen (Signifikanz-, Clusteranalysen) weitere Differenzierungen des Kollektivs an Messergebnissen vorgenommen werden. Zukünftig sollten gezielte (auch zerstörende) Untersuchungen an solchen Strecken vorgenommen werden, welche vergleichsweise hohe oder niedrige Steifigkeiten aufweisen, um die dadurch geprägten (Steifigkeits-)Klassen genauer beschreiben zu können. Insbesondere bei unzureichenden Tragfähigkeiten wäre zu klären, welche Zustände innerhalb der Straßenkonstruktion für diese Ergebnisse verantwortlich sind, um diese Ursachen den Tragfähigkeitsmustern zuordnen zu können. Langfristige Beobachtungen der Tragfähigkeit dieser Strecken (z.B. in Kombination mit den regelmäßigen ZEB-Kampagnen) können dann auch helfen, um festgelegten Tragfähigkeitsmustern realitätsnahe Verhaltensfunktionen hinsichtlich des Tragverhaltens oder zumindest den Tragfähigkeitsniveaus zugeordneten oberflächenbezogenen Schadensmerkmalen wie z.B. Rissentwicklungen ermitteln zu können.

Mit Hilfe von Regressionsanalysen wurde der Einfluss der nach Roos et al. (2008) als maßgebend ermittelten "Standard-Asphalttemperatur" auf die Schicht-E-Moduln des Asphalts im Hinblick auf die spätere "Vorwärtsrechnung" mathematisch beschrieben. Dabei festgestellte Unschärfen könnten prinzipiell auf Abweichungen der stationär ermittelten Temperaturzustände innerhalb der Asphaltschichten von den jeweils beim Messpunkt vorhandenen Temperaturzuständen zurückgeführt werden. Aufgrund der bisher verhältnismäßig kleinräumigen und die Asphalttemperatur betreffend homogenen Untersuchungsstrecken (Besonnung, Schatten) können diese Abweichungen als nachrangig angesehen werden. Allerdings besteht bei einer zukünftigen Erweiterung des Datenkollektivs die Möglichkeit, dass diese Streuungen größere Relevanz haben, sofern große (inhomogene) Untersuchungsstrecken mit wenigen stationären Temperaturmessstellen untersucht werden, oder die Temperaturzustände aufgrund meteorologischer Gegebenheiten und Oberflächentemperaturen abgeschätzt werden. Um diese Unschärfen so gering wie möglich zu halten, sind möglichst genaue Verfahren zur Abschätzung der Temperaturzustände innerhalb der Straßenkonstruktion erforderlich.

Im Übrigen ist die vorgenommene Modellierung der Temperaturabhängigkeit (Kap. 5.1.3) selbst zu präzisieren (bspw. durch Erfassung des Einflusses des Temperaturgradienten), um die in dieser Arbeit modellierten Streuungen zu verringern. Eine erhebliche Reststreuung bei der Erfassung des Temperatureinflusses wird vermutlich auch weiterhin aufgrund der Abhängigkeit zu Faktoren wie bspw. Bitumenart und Alterung vorhanden bleiben. Der Einsatz des Monte-Carlo-Verfahrens ermöglicht es, wie dargelegt, diese Reststreuung bei der Modellierung mit einzubeziehen und damit berechenbar zu machen.

Bezugnehmend auf die zuvor ermittelten Bereiche der rückgerechneten Schicht-E-Moduln wurden zur Spreizung des theoretisch generierten Datenkollektivs, auch hier unter Anwendung des Monte-Carlo-Verfahrens (Kap. 5), theoretische Straßenmodelle angelegt und hierzu Deflexionsmulden mit dem Programm BISAR © berechnet und in einer Datenbank abgelegt. Den Deflexionsmulden wurden auf Basis der Schichtsteifigkeiten ihrer zugehörigen Straßenmodelle Steifigkeitsklassen zugeordnet. Anhand dieser klassifizierten Deflexionsmulden können durch Vergleiche der in situ gemessenen Deflexionsmulden mit den theoretischen Deflexionsmulden die entsprechenden Steifigkeitsklassen zugewiesen werden (Klassierung).

Die Klassierung "filtert" dabei automatisch die Anteile der Tragfähigkeitsschwankungen aus, die auf bereits bekannte variierende Schichtdicken zurückzuführen und damit auch ohne Tragfähigkeitsmessungen abschätzbar sind. Auch die Anteile, welche auf unterschiedliche Asphalttemperaturen zurückgeführt werden müssen und somit nicht unmittelbar in die Substanzbewertung hineinspielen, bleiben bei den Steifigkeitsklassen unberücksichtigt, weil sich diese durch die Einbeziehung des Temperatureinflusses auf die Bezugstemperatur von 20 °C beziehen. Die mittleren Steifigkeitsklassen beziehen sich auf ein Referenzkollektiv, welches bei den vorgegebenen Schichtdicken im idealen Fall durchschnittlichen strukturellen Bedingungen entsprechen soll. Standardbedingungen also, die ohne Tragfähigkeitsmessungen für die Modellierung der Straßenbefestigung angesetzt würden, um daraus weitere Aussagen hinsichtlich der Restnutzungsdauer und Erhaltungsplanung ableiten zu können. In Bezug zu dieser Referenz ausgewiesene Abweichungen zeigen dann Risiken bei der ursprünglich ohne Tragfähigkeitsmessung vorgenommenen Substanzbewertung an, so dass in diesen Fällen Korrekturen bei der Beurteilung der Substanzbewertung vorgenommen werden können. Aber auch die Bestätigung von Annahmen bringt den Nutzen, dass damit die Aussagekraft und Belastbarkeit darauf aufbauender Erhaltungsplanungen und Kostenermittlungen erhöht wird.

In den Fällen, in denen für die Auswertung maßgebliche Faktoren erheblich streuen, bietet das Monte-Carlo-Verfahren die Möglichkeit, Aussagen mit Wahrscheinlichkeitsangaben zu verknüpfen und somit z.B. im Rahmen von Risikoanalysen berechenbar zu machen. So müssen z.B. bei Messungen, die nicht bei Vergleichsbedingungen wie z.B. 20 °C Asphalttemperatur vorgenommen werden können, die Ergebnisse auf Vergleichsbedingungen bezogen werden, um Vergleiche mit anderen Messergebnissen zu ermöglichen. Diese Umrechnung kann mehr oder weniger große Unschärfen beinhalten, so dass die Streuungen größer werden, je entfernter von den Vergleichsbedingungen gemessen wurde. Mit den festgelegten Streuungen der Temperaturabhängigkeiten kann nun prinzipiell für jeden Einzelfall – z.B. für Messergebnisse, die bei 5 °C ermittelt wurden – angegeben werden, mit welchen Wahrscheinlichkeiten die Konstruktion den jeweiligen Steifigkeitsklassen bei Vergleichsbedingungen zuzuweisen ist. Bis auf Weiteres werden auch hier stichprobenartige zerstörende Untersuchungen (Bohrkernentnahmen) empfohlen, um diese Unsicherheiten zu kompensieren. Mit den dabei gewonnenen Bohrkernen lassen sich dann sogar auf den jeweiligen Einzelfall angepasste Ermüdungsversuche durchführen. Die dabei aufzubringenden Beanspruchungsgrößen können sich auf die Beanspruchungsgrößen beziehen, welche anhand der Tragfähigkeitsmessdaten theoretisch abgeschätzt werden (Kap. 6.3). Eine Prognose der Restnutzungsdauer würde dann durch die Kombination der in situ messtechnisch erfassten Gegebenheiten und der labortechnisch ermittelten Ergebnisse erfolgen.

Aufgrund der Vielzahl an maßgebenden Faktoren wurden im Hinblick auf eine pragmatische Anwendung dieses klassifizierten Datenbestandes Künstliche Neuronale Netze trainiert, welche automatisch nach den im Datenpool enthaltenen Mustern in situ ermittelte Tragfähigkeitsmessergebnisse klassieren (Kap. 6). Ihr Vorteil ist ihre Lernfähigkeit, die unter anderem die Möglichkeit schafft, die Art der funktionalen Abhängigkeiten zwischen gegebenen Parametern selbst zu finden. Gerade für komplexe Abhängigkeiten sind die Neuronalen Netze prädestiniert. Damit wird aufgezeigt, wie unter Berücksichtigung einer Vielzahl an Randbedingungen (Schichtdicken, Temperaturen etc.) eine Klassierung schnell (z.B. direkt nach Messung der Deflexionsmulde) und einfach (beispielsweise direkt vom Messtechniker) durchgeführt werden kann. Hierfür müssen vorab die Aufbaudaten vorliegen und die Asphalttemperaturen innerhalb der Konstruktion abgeschätzt werden. Mit diesem Verfahren ist es im Übrigen auf einfache Weise möglich, weitere Faktoren, die vorliegend bei der Klassifikation nicht quantitativ berücksichtigt werden konnten, wie z.B. der Schichtenverbund oder Temperaturgradient, zukünftig mit einfließen zu lassen.

Durch eine Klassifikation können Tragfähigkeitsmessergebnisse mit der aufgezeigten Methode z.B. in die Systematik der regelmäßig an Bundesfernstraßen durchgeführten Zustandserfassung und -bewertung eingebunden werden. Die Generierung theoretischer Deflexionsmulden wurde streng genommen – bis zum Aufbau einer umfassenden Datenbank mit Tragfähigkeitsmessdaten – nur hilfsweise durchgeführt, um die Klassifizierung auch bisher nicht untersuchter Bauklassen (beispielsweise Bauklassen I, III, V, VI) durchführen zu können. Allerdings müssen die Klassen mit weiteren Messdaten und realitätsnahen Untersuchungen kalibriert werden. Solange diese Datenbasis nicht vorhanden ist, empfiehlt es sich für Vergleiche – wie dargestellt – eine temporäre Datenbasis mit theoretischen Daten anzulegen.

7.2 Ausblick

Für die weitere Ausarbeitung des Bewertungshintergrundes für Tragfähigkeitsmessungen wird empfohlen, eine möglichst große Bandbreite an unterschiedlichen Strecken zu unterschiedlichsten Witterungsbedingungen messtechnisch zu untersuchen und zu beobachten, so dass deren Tragfähigkeit und dieser zuzuordnenden Schadensmerkmale realitätsnah beschrieben werden können. Die fortschreitende Verbesserung "schnellfahrender" Tragfähigkeitsmesssysteme lassen dieses Ziel auch kurzfristig als umsetzbar erscheinen. Die dabei anfallende große Datenmenge könnte analog zu der hier beschriebenen Methode – allerdings mit einer auf die jeweilige Messkonfiguration angepassten Datenbank und darauf trainierte KNN – bewertet werden. Dies wäre dann wie eine "Initialisierung" anzusehen, da anschließend die klassierten und stichprobenartig geprüften Messdaten selbst die Basis für ein präzisiertes KNN bilden können, welches wiederum neue Messdaten klassieren und diese nach Prüfung in die Datenbasis mit eingebunden werden können. Damit könnte das mittelfristige Ziel erreicht werden, zukünftige Klassierungen auf Basis eines Datenkollektivs vorzunehmen, welches zum Großteil und langfristig sogar ausschließlich aus klassifizierten Tragfähigkeitsmessergebnissen besteht, so dass eine theoretische Straßenmodellierung nicht mehr unmittelbar erforderlich wäre. Schritt für Schritt würde damit ein fundiertes Referenzkollektiv für einen zuverlässigen Bewertungshintergrund zur Verfügung stehen. Bis dahin sollte auch weiterhin geprüft werden, ob und inwieweit ein Messlinienvergleich bei der Beurteilung der Substanz zu berücksichtigen ist.

Zukünftig könnte neben der in dieser Arbeit dargelegten Klassifizierung nach Schicht-E-Moduln auch eine Klassifizierung nach Beanspruchungsgrößen festgelegter Bemessungskriterien (Dehnung an der Unterseite der Asphaltschicht und Druckspannungen auf den ungebundenen Schichten) vorgenommen werden. Dies bedeutet zwar einen zusätzlichen Aufwand, da mit den Straßenmodellen zusätzlich zu den Deflexionsmulden die korrespondierenden Beanspruchungsgrößen zu berechnen und zu klassifizieren sind. Dies kann analog zum dargelegten Vorgehen – nach der in Abb. 7.1 angegebenen Weise – ablaufen, ersetzt und ergänzt mit den Schritten 1b und 1c. Im Rahmen der Erhaltungsplanung wären dann auch Abschnitte mit unterschiedlichen Aufbauten unmittelbar vergleichbar. Bisher sind weitergehende Berechnungen erforderlich, um zu klären, ob bspw. ein konkreter Abschnitt mit dickerem Asphaltaufbau aber ungünstigerer Tragfähigkeit des Untergrundes hinsichtlich der Spurrinnenbildung oder Rissbildung ungünstiger ist als ein Abschnitt mit geringerer Asphaltdicke aber höherer Tragfähigkeit des Untergrundes. Im günstigsten Fall stünden dem Ingenieur neben dem Aufbau, Materialien und Steifigkeitsklassen der einzelnen Schichten in entsprechenden Datenbanken gleichzeitig die Beanspruchungsklassen der einzelnen Bemessungskriterien zur Verfügung, so dass mit den dann vorliegenden

Daten ausreichende Entscheidungsgrundlagen für die Erhaltungsplanung vorhanden wären.

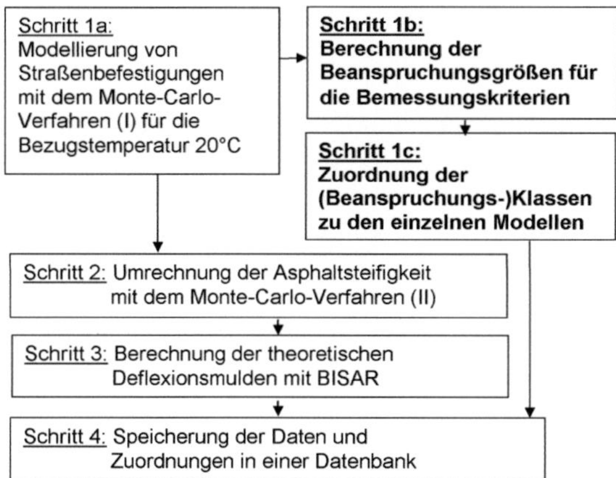

Abb. 7.1: Alternative Vorgehensweise zur Klassifikation von Tragfähigkeitsmessdaten hinsichtlich Beanspruchungsgrößen

Bisher kann die Nutzungsdauer einer Straße mit der in dieser Arbeit vorgenommenen Klassifikation durch den Bezug zur RStO 01 (FGSV, 2001b) eingeschätzt werden: Sofern die nach Tragfähigkeitsuntersuchungen festgestellten Steifigkeitskeitsklassen dem Durchschnitt entsprechen (Klasse 3), kann eine in der RStO 01 für die jeweilige Bauweise angegebene bemessungsrelevante Beanspruchung mit großer Wahrscheinlichkeit als ertragbare Beanspruchung angesetzt werden. Bei vom Mittel abweichenden Steifigkeitsklassen sind höhere oder geringere ertragbare Beanspruchungen wahrscheinlicher. Solange diese Wahrscheinlichkeiten nicht zahlenmäßig angegeben werden können, sind nach eigener Einschätzung die Substanzbewertungen bislang für Bauübergaben oder Übergabeinspektionen bei Funktionsbauverträgen nur eingeschränkt einsetzbar.

Mit der hier aufgezeigten Methode ist es bereits jetzt prinzipiell möglich, Tragfähigkeitsmessungen auf Asphaltkonstruktionen der Bauweise "Asphalt auf Tragschichten ohne Bindemittel" zu klassieren und ergänzend zu bisherigen Bestandsdaten in die Systematik der ZEB einzubinden. Hinsichtlich des Einsatzes z.B. bei der Erhaltungsplanung und Erfassung des Anlagevermögens kann die aufgezeigte Klassifikation damit wertvolle Dienste leisten.

Literaturverzeichnis

Abdallah, I.; Ferregut, C.; Nazarian, S., Melchor-Lucero, O. Prognose der Restlebensdauer von flexiblen Straßenbefestigungen mit Hilfe eines künstlichen neuralen Netzwerks (Orig. engl.: Prediction of remaining life of flexible pavements with artificial neural networks models). American Society for Testing and Materials (ASTM), Third Volume, West Conshohocken, 2000.

Ali, H.; Selezneva, O. Jahreszeitlich bedingte Trends und deren Ursachen bei den Struktureigenschaften von Straßen (Orig. engl.: Seasonal trends and causes in pavement structural properties). Nondestructive testing of pavements and backcalculation of moduli: Third Volume. West Conshohocken: American Society for Testing and Materials (ASTM Special Technical Publication STP H. 1375), 2000.

Beckedahl, H.; Hürtgen, H.; Straube, E. Begleitende Forschung zur Einführung des Falling Weight Deflectometer (FWD) in der Bundesrepublik Deutschland. Forschung Straßenbau und Straßenverkehrstechnik (BMV, Bonn) H. 733, 1996.

Bergstedt, B. Temperaturkorrektur an Falling Weight Deflectometer-Meßwerten (Orig. engl.: Temperature correction of falling weight deflectometer data). Third International Conference on Bearing Capacity of Roads and Airfields, Proceedings 3.-5. Juli 1990 in Trondheim, 1990.

Berthold, M. R.; Cebron N.; Dill, F.; Di Fatta, G.; Gabriel, T. R.; Georg. F.; Meinl, T., Ohl, P.; Sieb, C.; Wiswedel, B. Knime: The Konstanz Information Miner. Department of Computer and Information Science Konstanz University Fach M712, 78457 Konstanz, Germany, KNIME v1.2.1, 2007.

Bundesministerium für Verkehr, Bau und Wohnungswesen, Herausgeber. Anweisungen Straßeninformationsdatenbank, Teil: Bestandsdaten, 2005.

Boesefeldt, J.; Lensing, N. Durchführbarkeitsnachweis für den Einsatz von Statistik-Standardsoftware im Straßen- und Verkehrswesen. Forschung Straßenbau und Straßenverkehrstechnik (BMV, Bonn) H. 553, 1989.

Braun, H. Neuronale Netze, Optimieren durch Lernen und Evolution. Springer Verlag, Berlin /Heidelberg, 1997.

Bredenhann, S.; van de Ven, M. Application of artificial neural networks in the backcalculation of flexible pavement layer moduli from deflection measurements. Proceedings of the 8th Conference on Asphalt Pavements for Southern Africa (CAPSA'04), 2004.

Briggs, R.; Scullion, T.; Maser, K. Asphalt Thickness variation on Texas strategic Highway Research program sections and effect on backcalculated moduli. Transportation Research Record (TRB) H. 1377, 1992.

Burmister, D. M. The Theory of Stresses and Displacements in Layered Systems and Applications to the Design of Airport Runways. Proceedings, Highway Research Board, Vol. 23, 1943.

BISAR 3.0, Shell International Oil Products BV, Herausgeber. BISAR Computer Programm (Bitumen Structures Analysis in Roads) 3.0, 1998.

Callan, R. Neuronale Netze im Klartext. Pearson Studium; 2003.

Ceylan, H.; Guclu; Tutumluer, E.; Thompson, R. Use of artificial neural networks for backcalculation of pavement layer moduli. FWD users group meeting October 2-5, University Inn, West Lafayette, Indiana, 2004.

Chang, J.-R.; Lin, J.-D.; Chung, W.-C.; D.-H. Chen, D.-H. Evaluating The Structural Strength Of Flexible Pavements In Taiwan Using The Falling Weight Deflectometer. International Journal of Pavement Engineering, Volume 3, Number 3, 2002.

Chen, D.-H.; Bilyeu, J.; Lin, H.-H.; Murphy, M. Temperaturkorrekturen bei Messungen mit dem Fallgewichtsgerät (Orig. engl.: Temperature correction on falling weight deflectometer measurements). Washington, D.C.: National Academy Press, Transportation Research Record (TRB) H. 1716, 2000.

Cheng, H.; Hu, J.-N. W. Y. Ein neues Verfahren zum Auffinden von Rissen in Fahrbahnbefestigungen mittels neuraler Netzwerke (Orig. engl.: Novel approach to pavement cracking detection based on neural network). Washington, D.C.: National Academy Press, 2001.

Clementine 9.0 Copyright (c) Integral Solutions Ltd., 1994-2005.

COST-Action 336, Herausgeber. Falling Weight Deflectometer for Measuring Bearing Capacity, Final Report, 2000.

De Almeida, J. R. Rückrechnung der Schichtmoduli von flexiblen Befestigungen unter Berücksichtigung des Temperaturgradienten (Orig. engl.: Back- calculation of flexible pavements with consideration of temperature gradients). BCRA '98 - Proceedings of the Fifth International Conference on the Bearing Capacity of Roads and Airfields, 6-8 July, Trondheim, Norway, 1998.

Durth, W.; Grätz, B. Überprüfung praktischer Methoden zur Messung der Tragfähigkeit und Einschätzung der Restnutzungsdauer, insbesondere für Straßen auf dem Gebiet der neuen Bundesländer. Forschung Straßenbau und Straßenverkehrstechnik (BMV, Bonn) H. 723, 1996.

Ehrola, E.; Belt, J.; Ryynänen, T. Einfluß der Temperatur auf die Deflektion von Asphalt-bauweisen (Orig. engl.: Influence of temperature on the deflection of as-phalt pavements) Third International Conference on Bearing Capacity of Roads and Airfields, Proceedings 3.-5. Juli 1990 in Trondheim, 1990.

Felker, V.; Najjar, Y.; Houssain, M. Modeling the roughness progression on Kansas port-land cement concrete (PCC) pavements. Kansas State University,Manhattan, Kansas, 2004.

Ferregut, C.; Nazarian, S.; Abdallah, I. Anwendung künstlicher neuronaler Netzwerke zur Abschätzung der verbleibenden Nutzungsdauer von Asphaltfahrbahnbefestigungen (Orig. engl.: Estimate remaining life of flexible pavement systems using Artificial Neural Net-works). Computational intelligence applications in pavement and geotechnical systems: Proceedings of the 2nd International Workshop on Artificial Intelligence and Mathemati-cal Methods in Pavement and Geomechanical Systems, 11-12 August Newark, Delaware, USA, 2000.

Figueroa, J. L. Long Term Monitoring Of Seasonal And Weather Stations And Analysis Of Data From Shrp Pavements. ODOT 8880 State Job No. 14693(0) Final Report Submitted to The Ohio Department of Transportation, Case Western Reserve University, Department of Civil Engineering, 2004.

Forschungsgesellschaft für Straßen- und Verkehrswesen, Herausgeber. Merkblatt über Anforderungen an Untersuchungsstrecken; Forschungsgesellschaft für Straßen- und Ver-kehrswesen, Köln, 1980.

Forschungsgesellschaft für Straßen- und Verkehrswesen, Herausgeber. Begriffsbe-stimmungen - Straßenbautechnik, 1990.

Forschungsgesellschaft für Straßen- und Verkehrswesen, Herausgeber. Arbeitspapier - Tragfähigkeit, Abschnitt A: Messverfahren, 1994.

Forschungsgesellschaft für Straßen- und Verkehrswesen, Herausgeber. Zusätzliche Technische Vertragsbedingungen für den Erdbau (ZTV E-StB 94), 1997.

Forschungsgesellschaft für Straßen- und Verkehrswesen, Herausgeber. Merkblatt über die statistische Auswertung von Prüfergebnissen - Teil 1: Grundlagen zur Präzision von Prüfverfahren, 2000.

Forschungsgesellschaft für Straßen- und Verkehrswesen, Herausgeber. Arbeitspapier Nr. 9 zur Zustandserfassung und Bewertung, 2001a.

Forschungsgesellschaft für Straßen- und Verkehrswesen, Herausgeber. Richtlinien für die Standardisierung des Oberbaues von Verkehrsflächen (RStO), 2001b.

Forschungsgesellschaft für Straßen- und Verkehrswesen, Herausgeber. Richtlinien für die Planung von Erhaltungsmaßnahmen an Straßenbefestigungen, Ausgabe 2001 (RPE-Stra 01), 2002.

Forschungsgesellschaft für Straßen- und Verkehrswesen, Herausgeber. Merkblatt über die statistische Auswertung von Prüfergebnissen - Teil 2: Erkennen und Behandeln von Ausreißern, 2003a.

Forschungsgesellschaft für Straßen- und Verkehrswesen, Herausgeber. Arbeitspapier Nr. 9/S zur Erhaltungsplanung, Reihe S: Substanzwert (Bestand), 2003b.

Forschungsgesellschaft für Straßen- und Verkehrswesen, Herausgeber. Arbeitspapier - Tragfähigkeit, Abschnitt C1 Benkelman-Balken: Auswertung und Bewertung, 2005.

Forschungsgesellschaft für Straßen- und Verkehrswesen, Herausgeber. Arbeitspapier - Tragfähigkeit, Abschnitt C2 FWD: Auswertung und Bewertung, Entwurf, 2006a.

Forschungsgesellschaft für Straßen- und Verkehrswesen, Herausgeber. Prüfverfahren für die Bemessung - Arbeitsanleitung - Bestimmung des Steifigkeits- und Ermüdungsverhaltens von Asphaltbefestigungen mit dem dynamischen Spaltzugschwellversuch und dem axialen Zugschwellversuch und dem 2 Punkt-Biegeversuch; Entwurf des AK 4.8.6, 2006b.

Forschungsgesellschaft für Straßen- und Verkehrswesen, Herausgeber. Arbeitspapier "Mechanisches Verhalten von Asphalt in Befestigungen für Verkehrsflächen - Eingangsgrößen in die Bemessung (Materialkennwerte)", 2006c.

Forschungsgesellschaft für Straßen- und Verkehrswesen, Herausgeber. Richtlinien für die rechnerische Dimensionierung des Oberbaues von Verkehrsflächen mit Asphaltdecke (RDO-Asphalt 07), Entwurf, 2007c.

Forschungsgesellschaft für Straßen- und Verkehrswesen, Herausgeber. Arbeitspapier - Tragfähigkeit, Abschnitt B2 "FWD: Beschreibung, Messdurchführung", 2008a.

Forschungsgesellschaft für Straßen- und Verkehrswesen, Herausgeber. Arbeitspapier Tragfähigkeit Teil D: Standardisierung von Tragfähigkeitsmessdaten, Entwurf, 2008b.

Freund, H.-J.; Grossmann, A.; Koch, P. Tragfähigkeitsmessungen mit dem Falling Weight Deflectometer auf der BAB A 81. Im Auftrag des Landesamtes für Straßenwesen, Baden-Württemberg, 2001.

Freund, H.-J.; Grossmann, A.; Koch, P.; von Loeben, W.; Zimmermann, M. Bericht über die messtechnische Zustandserfassung an ausgewählten Flugbetriebsflächen der Bundeswehr. Im Auftrag des Bundesministeriums für Verteidigung, 2002.

Freund, H.-J.; Grossmann, A.; Roos, R.; Stöckner, M. Langzeitverhalten von dicken Betondecken auf einer Tragschicht ohne Bindemittel und von Betondecken auf einer Geotextil-Zwischenlage (A3 bei Hilden). FE 08.134 G94 C. Im Auftrag des Bundesministeriums für Verkehr, Bau- und Wohnungswesen, 1999.

Freund, H.-J.; Koch, P. Verbundvorhaben Reststoffverwertung im Straßenbau; Teilvorhaben 5: Vergleichende Beurteilung des Zeit-Setzungs-Verhaltens unterschiedlich zusammengesetzter Tragschichten ohne Bindemittel mit verschiedenen großen Asphaltanteilen in einer Versuchsstrecke (VERTOBA). Im Auftrag des Bundesministeriums für Bildung, Wissenschaft, Forschung und Technologie, 2002.

Fuchs, M. Fallgewichtsmessung zur Tragfähigkeitsbestimmung (Endbericht COST 336). Straßenforschungsauftrag Nr. 3.180 des Bundesministeriums für Verkehr, Innovation und Technologie; Wien, 2001.

Göktepe, A.; Agar, E.; Lav, A. Comparison of Multilayer Perceptron and Adaptive Neuro-Fuzzy System on Backcalculating the Mechanical Properties of Flexible Pavements. The Bulletin of the Istanbul Technical University, 2004.

Göktepe, A.; Agar, E.; Lav, A. Role of Learning Algorithm in Neural Network-Based Backcalculation of Flexible Pavements. Journal of Computing in Civil Engineering, 2006.

Gopalakrishnan, K. Prediction of National Airport Pavement Test Facility Pavement Layer Moduli from Heavy Weight Deflectometer Test Data Using Artificial Neural Networks. Proceedings of the 2005 Mid-Continent Transportation Research Symposium, Ames, Iowa, 2005.

Grenier, S.; Konrad, J.-M. Bewertung des Einflusses von Inhomogenitäten in Asphaltfahrbahnbefestigungen mit dem Falling-Weight-Deflectometer (Orig. engl.: Evaluation of the influence of asphalt concrete pavement discontinuities on falling weight deflectometer measurements). Bearing Capacity of Roads, Railways and Airfields: Proceedings of the 6th International Conference on the Bearing Capacity of Roads and Airfields, 24-26 June, Lisbon, Portugal, 2002.

Grogan, W.; Freeman, R.; Alexander, D. Einfluß der Variabilität von FWD-Versuchen auf die Beurteilung von Befestigungen (Orig. engl.: Impact of FWD testing variability on pavement evaluations). Journal of Transportation Engineering 124 Nr. 5, 1998.

Grätz, B. Einfluss der Temperatur, der Belastungsfrequenz und der Impulskraft beim Falling-Weight-Deflectometer (FWD) auf die Größe der effektiven Schicht-E-Moduli. Technische Universität Darmstadt, Fachgebiet Straßenwesen, Schlussbericht zum Forschungsprojekt FE 04.174 im Auftrag der Bundesanstalt für Straßenwesen, 1999.

Grätz, B. Möglichkeiten und Grenzen des Falling-Weight-Deflectometers. Straße und Autobahn 52, 2001.

Graves, R.C.; Mahboub, K.C. Vorstudie einer stichprobenbasierten Sensitivitätsanalyse der NCHRP-Bemessungsrichtlinie für flexible Befestigungen (Orig. engl.: Pilot study in sampling-based sensivity analysis of NCHRP design guide for flexible pavements). Washington, D.C.: Transportation Research Board (TRB), 2006.

van Gurp, C. Characterization of seasonal influences on asphalt pavements with the use of falling weight deflectometers. Thesis Technische Universiteit Delft, 1995.

Hakim, B. Zustandsbeurteilung flexibler Befestigungen unter Berücksichtigung des Schichtenverbundes (Orig. engl.: Flexible composite pavement evaluation incorporating bond between layers). Bearing Capacity of Roads, Railways and Airfields: Proceedings of the 6th International Conference on the Bearing Capacity of Roads and Airfields, Lisbon, Portugal, 2002.

Hakim, B. Die Wichtigkeit eines guten Schichtenverbundes bei Asphaltschichten (Orig. engl.: The importance of good bond between bituminous layers). Ninth International Conference on Asphalt Pavements, August 17-22, 2002, Copenhagen. St. Paul, MN: International Society for Asphalt Pavements, 2003.

Henze, M.; Kadelka, D. Wahrscheinlichkeitstheorie und Statistik für Studierende der Informatik. Skript zur Vorlesung, Universität Karlsruhe, Institut für Stochastik, 2000.

Hildebrand, G.; Rasmussen, S. Development of a High Speed Deflectograph Report 117, Danish Road Institute, Roskilde, Denmark, 2002.

Hinsch, K.; Krause, G.; Maerschalk, G.; Rübensam, J. Katalogisierung von beschreibenden Größen für das Gebrauchsverhalten von Fahrbahnbefestigungen und die Wirkung von Erhaltungsmaßnahmen. Forschung Straßenbau und Straßenverkehrstechnik, Heft 915, Bonn-Bad Godesberg, 2005.

Horz, H.W. Tragfähigkeitsmessungen und -auswertungen, Bundesanstalt für Straßenwesen (BASt). Bundesanstalt für Straßenwesen (BASt), Bergisch Gladbach, 1994.

Hothan, J.; Numrich, R.; Wellner, F. Untersuchung korrelativer Zusammenhänge zwischen den Auswerteergebnissen vier verschiedener Tragfähigkeitsmesssysteme. Universität Hannover, Institut für Verkehrswirtschaft, Straßenwesen und Städtebau, Schlussbericht zum Forschungsprojekt FE 04.176 im Auftrag der Bundesanstalt für Straßenwesen, 1999.

Hothan, J.; Schäfer, F. Analyse und Weiterentwicklung der Bewertung von Tragfähigkeitsmessungen. Straße und Autobahn Heft. 7, 2004

Huang, Y.; Moore, R. Vorhersage des wahrscheinlichen Ebenheitsniveaus unter Verwendung künstlicher neuronaler Netzwerke (Orig. engl.: Roughness level probability prediction using artificial neural networks). Transportation Research Record (TRB) H. 1592, 1997.

Huang, L.; Chen, J. A Multiple Regression Model to Predict In-process Surface Roughness in Turning Operation Via Accelerometer. Journal of industrial technology, Volume 17, 2001.

Janssen, J.; Laatz, W. Statistische Datenanalyse mit SPSS für Windows. Springer Verlag Berlin/ Heidelberg, 1999.

Jendia, S. Bewertung der Tragfähigkeit von bituminösen Straßenbefestigungen. Veröffentlichungen des Instituts für Straßen- und Eisenbahnwesen der Universität Karlsruhe, Heft 45, 1995.

Jessberger, H.-L.; Laue, J. Steifigkeits-und Verformungsverhalten von Tragschichten ohne Bindemittel bei hohen Beanspruchungen sowie ungleichmäßiger Verdichtung. Forschung Straßenbau und Straßenverkehrstechnik (BMV, Bonn) H. 631, 1992.

Jiang, Y.; Selezneva, O.; Mladenovic, G. Abschätzung der Dickenschwankungen von Befestigungsschichten für eine wirklichkeitsnähere Bemessung (Orig. engl.: Estimation of pavement layer thickness variability for reliability-based design). Washington, D.C.: Transportation Research Board (TRB), (Transportation Research Record (TRB) H. 1853), 2003.

Khazanovich, L.; Roesler, J. DIPLOBACK - Rückrechnungsprogramm auf der Grundlage von Neuralnetzen für Verbundbauweisen (Orig. engl.: DIPLOBACK -Neural- network-based backcalculation program for composite pavements). Transportation Research Record (TRB) H. 1570, 1997.

Kim, J.; Titus-Glover, L. Bestimmung des viskoelastischen Verhaltens von Asphaltschichten mit dem Falling-Weight-Deflectometer (FWD) (Orig. engl.: Determination of viscoelastic properties of asphalt concrete layer using falling weight deflectometer (FWD) tests). BCRA '98 - Proceedings of the Fifth International Conference on the Bearing Capacity of Roads and Airfields, 6-8 July, Trondheim, Norway, 1998.

Kim, Y.; Lee, Y.; Ranjithan, S. Flexible pavement condition evaluation using deflection basin parameters and dynamic finite element analysis implemented by artificial neural networks. Nondestructive Testing of Pavements and Backcalculation of Moduli: Third Volume, West Conshohocken: American Society for Testing and Materials (ASTM), 2000a.

Kim, Y.; Ranjithan, S.; Troxler, J.; Xu., B. Assessing Pavement Layer Condition Using Deflection Data. NCHRP Research Results Digest No. 254, TRB, National Research Council, Washington, D.C, 2001.

Kim, Y.; Xu, B.; Kim, Y. Eine neue Rückrechnungsmethode auf der Grundlage der Auswertung zeitlicher Einsenkungsverläufe und von Wellenausbreitungsmessungen infolge Fallgewichtsbelastungen unter Verwendung künstlicher neuronaler Netzwerke (Orig. engl.: A new backcalculation procedure based on dispersion analysis of FWD time- history deflections and surface wave measurements using artificial neural networks). Nondestructive testing of pavements and backcalculation of moduli: Third Volume. West Conshohocken: American Society for Testing and Materials (ASTM), 2000b.

Krause, G. Abgrenzung von Mängelklassen zur Kennzeichnung von wahrscheinlichen Schadensursachen mit Hilfe messtechnisch erfasster Bestands- und Zustandsmerkmale. Forschung Straßenbau und Straßenverkehrstechnik (BMVBW, Bonn) H. 790, 2000.

Lackner, W. Untersuchungen von Zusammenhängen zwischen Ebenheitsmerkmalen und Tragfähigkeitseigenschaften von Straßen im Hinblick auf die Minimierung des Aufwandes bei der Zustandserfassung. Veröffentlichungen des Institutes für Straßen-und Eisenbahnwesen der Universität Karlsruhe, Heft 50, 1999.

Loeben, W.-H. von Überprüfung eines funktionalen Zusammenhanges zwischen der Fahrbahntextur und dem erzielbaren Bremsweg. Veröffentlichungen des Institutes für Straßen- und Eisenbahnwesen der Universität Karlsruhe, Heft 57, 2007.

Lottmann, A.; Haltenorth, G.; Richter, F. Bemessungsgrundlagen für den frostsicheren Oberbau von Verkehrsflächen. Forschung Straßenbau und Straßenverkehrstechnik (BMVBW, Bonn) H. 879, 2004.

Marshall, C.; Meier, R.; Welch, M. Jahreszeitliche Temperatureffekte auf Asphaltfahrbahnbefestigungen in Tennessee (Orig. engl.: Seasonal temperature effects on flexible pavements in Tennessee). Washington, D.C.: National Academy Press, (Transportation Research Record (TRB) H. 1764), 2001.

Mehta, Y.; Roque, R. Evaluation of FWD Data for Determination of Layer Moduli of Pavements. Journal Of Materials In Civil Engineering, 2003.

Meier, R.; Alexander, D.; Freeman, R. Anwendung von künstlichen Neuralnetzen als Näherungsverfahren zur Rückrechnung von Schichtmoduli (Orig. engl.: Using artificial neural networks as a forward approach toback calculation). Transportation Research Record (TRB) H. 1570, 1997.

Melchor-Lucero, O.; Abdallah, I.; Nazarian, S. Eine wahrscheinlichkeitsbasierte Methode zur Schätzung des Verhaltens von Straßenbefestigungen unter Verwendung von FWD-Daten (Orig. engl.: A probabilistic method for estimating pavement performance using falling weight deflectometer data). Bearing Capacity of Roads, Railways and Airfields: Proceedings of the 6th International Conference on the Bearing Capacity of Roads and Airfields, 24-26 June, Lisbon, Portugal, 2002.

Microsoft Corporation, Herausgeber. Microsoft Access, 2000.

Mladenovic, G.; Jiang, Y.; Selezneva, O. Vergleich der gebauten und der entworfenen Schichtdicken von Asphaltfahrbahnbefestigungen (Orig. engl.: Comparison of as-constructed and as-designed flexible pavement layer thicknesses). Washington, D.C.: Transportation Research Board (TRB), (Transportation Research Record (TRB) H. 1853), 2003.

Oefner, G.; Kienlein, E.; Nußrainer, C. Erweitern des streckenbezogenen Substanzwertes im System ZEB um Kriterien wie Belastung, Aufbau, Alter und Tragfähigkeit - Testen und Abstimmen von Bewertungskonzepten. Forschung Straßenbau und Straßenverkehrstechnik, Heft 783 Bundesministerium für Verkehr, Bau und Wohnungswesen, Bonn, 2000.

Park, D.-Y.; Buch, N.; Chatti, K. Effektives Modell zur Vorhersage der Temperatur und der Korrektur der Temperatur für die mit dem Falling-Weight-Deflectometer gemessenen Einsenkungen (Orig. engl.: Effective layer temperature prediction model and temperature correction via falling weight deflectometer deflections), Washington, D.C. National Academy Press,Transportation Research Record (TRB) H. 1764, 2001.

Park, H.; Kim; Park, S. Temperature Correction of Multiload-Level Temperature Correction of Multiload-Level Falling Weight Deflectometer Deflections. Transportation Research Record No. 1806, Assessing and Evaluating Pavements, 2002.

Riedl, S. Rückrechnung dynamischer Tragfähigkeitswerte aus den Messdaten des Falling Weight Deflectometers (FWD). Dissertation; Schriftenreihe des Instituts für Verkehr Fachgebiet Straßenwesen mit Versuchsanstalt Heft S8; Darmstadt, 2006.

Riedmiller, M.; Braun, H. A direct adaptive method for faster backpropagation learning: theRPROP algorithm. Proceedings of the IEEE International Conference on Neural Networks (ICNN) (Vol. 16, pp. 586-591). Piscataway, NJ, 1993.

Romanoschi, S.A.; Metcalf, J.B. Bewertung von Wahrscheinlichkeitsverteilungen zur Beschreibung der Nutzungsdauer von Fahrbahnbefestigungen (Orig. engl.: Evaluation of probability distriction function for the life of pavement structures). Washington, D.C.: National Academy Press, (Transportation Research Record (TRB) H. 1730), 2000.

Roos, R.; Freund, H.-J.; Thiele, T. Erarbeitung eines Bewertungshintergrundes für Tragfähigkeitsmessungen auf Basis von Zustandsindikatoren nach JENDIA.; Universität Karlsruhe, Institut für Straßen und Eisenbahnwesen. Forschung Straßenbau und Straßenverkehrstechnik, Heft 989. Bundesministerium für Verkehr, Bau und Stadentwicklung, Bonn, 2008.

Sachs, L. Angewandte Statistik. Statistische Methoden und ihre Anwendung. Springer Verlag, 9. Auflage, 1999.

Scarpas, A.; Al-Khoury, R.; Gurp, C. V. Finite Element Untersuchungen des Zusammenwirkens von FWD und Befestigung (Orig. engl.: Finite elements investigation of pavement - FWD interaction). BCRA '98 - Proceedings of the Fifth International Conference on the Bearing Capacity of Roads and Airfields, 6-8 July, Trondheim, Norway, 1998.

Schneider, J. Sicherheit und Zuverlässigkeit im Bauwesen - Grundwissen für Ingenieure. vdf Hochschulverlag AG an der ETH Zürich, 1996.

Schnoerr, C. Von der Meßwerterfassung bis zu automatisch generierten Verkehrsmeldungen. Straßenverkehrstechnik 44 Nr. 1, 2000.

Schulte, W. Analyse des Temperaturgeschehens im Straßenoberbau und dessen Einfluss auf Ergebnisse von Einsenkungsmessungen nach Benkelman. Forschung Straßenbau und Straßenverkehrstechnik, Heft 423. Bundesministerium für Verkehr, Bonn, 1996.

Schwabbaur, T.; Fillibeck, J.; Floss, R. Ermittlung von Zusammenhängen zwischen dem CBR-Wert des Tragschichtmaterials und der Tragfähigkeit E(Index v2) von Tragschichten ohne Bindemittel (ToB). Forschung Straßenbau und Straßenverkehrstechnik (BMVBW, Bonn) H. 852, 2002.

Shao, L.; Park, S.; Kim, Y. Vereinfachte Methode zur Voraussage der Temperaturen unter einer Asphaltbefestigung mit Hilfe von Wärmeleittheorien (Orig. engl.: Simplified procedure for prediction of asphalt pavement subsurface temperatures based on heat transfer theories). Transportation Research Record (TRB) H. 1568, 1997.

Shekharan, A. Vorhersage des Gebrauchsverhaltens von Fahrbahnbefestigungen mit der Methode der künstlichen neuronalen Netzwerke (Orig. engl.: Pavement performance prediction by artificial neural networks). Computational intelligence applications in pavement and geotechnical systems: Proceedings of the 2nd International Workshop on Artificial Intelligence and Mathematical Methods in Pavement and Geomechanical Systems, 11-12 August, Newark, Delaware, USA, 2000.

Shell International Petroleum Company limited. Shell pavement design manual - asphalt pavements and overlay for road traffic. Shell International Petroleum Company limited, London, 1978.

Siddharthan, R.; Sebaaly, P.; Javaregowda, M. Influence of statistical variation in Falling Weight Deflectometers on pavement analysis. Transportation Research Record (TRB) H. 1377, 1992.

Stet, M. Pavement Evaluation and Reporting Strength of NATO Airfields (PAVERS). Prüfentwurf für eine NATO-Norm. North Atlantic Treaty Organization (NATO), Brüssel, Belgien, 2000.

Steyer, R.; Feser, B.; Knelangen, F. Qualität von Daten im Straßen- und Verkehrswesen. Forschung Straßenbau und Straßenverkehrstechnik (BMVBW, Bonn), H. 904, 2004.

Stöckert, U. Ein Beitrag zur Festlegung von Grenzwerten für den Schichtenverbund im Asphaltstraßenbau. Dissertation; Schriftenreihe des Instituts für Verkehr Fachgebiet Straßenwesen mit Versuchsanstalt Heft D17; Darmstadt, 2002

Straube, E. Wiederholungsmessungen an flexiblen Fahrbahnbefestigungen ehemaliger Untersuchungsstrecken. Forschung Straßenbau und Straßenverkehrstechnik (BMV, Bonn) H. 730, 1996.

Tawil, M. Künstliche neuronale Netze - Methode und Anwendung. Institut für Maschinenwesen, TU Clausthal; Institutsmitteilung Nr. 24, 1999.

Tighe, S. Empfehlungen für wahrscheinlichkeitstheoretische Analysen der Lebensdauerkosten von Straßenbefestigungen (Orig. engl.: Guidelines for probabilistic pavement life cycle cost analysis). Washington, D.C.: National Academy Press, (Transportation Research Record (TRB) H. 1769), 2001.

Timm, D.; Birgisson, B.; Newcomb, D. Variationsbreite der Parameter bei mechanistisch-empirischer Bemessung von flexiblen Fahrbahnbefestigungen (Orig. engl.: Variability of mechanistic-empirical flexible pavement design parameters). BCRA '98 - Proceedings of the Fifth International Conference on the Bearing Capacity of Roads and Airfields, Trondheim, Norway, 6-8 July, Trondheim: Tapir, 1998.

Timm, D.H.; Bower, J.M.; Turochy, R.E. Einfluss von Lastspektren auf die mechanisch-empirische Bemessung flexibler Befestigungen (Orig. engl.: Effect of load spectra on mechanistic-empirical flexible pavement design). Transportation Research Board (TRB),H. 1947, 2006.

van Cauwelaert, F.; Thewessen, B.; Stet, M. Pavers, Pavement Evaluation and Reporting Strength Design and Assessment Software. Version 2.50, Aperio, 2000.

von Becker, P. Zur Annahme wirklichkeitsnäherer E-Moduli als Kennwerte für das elastische Verformungsverhalten flexibler Straßenbefestigungen bei elastizitätstheoretischen Beanspruchungsrechnungen. Forschung Straßenbau und Straßenverkehrstechnik, Heft 204, 1976.

Wellner, F.; Gleitz, T. Untersuchungen zum elastischen und plastischen Spannungs-Verformungsverhalten von Straßenbaustoffen ohne Bindemittel. Straße und Autobahn Nr. 5, 1998.

Wellner, F.; Queck, U. Das Spannungs-Verformungsverhalten ungebundener Straßenbaustoffe und dessen Auswirkung auf die Beanspruchung überbauender Schichten. Straße und Autobahn 43 Nr. 6, 1992.

Wellner, F.; Werkmeister, S. Beitrag zur Untersuchung des Verformungsverhaltens ungebundener Gesteinskörnungen mit Hilfe der SHAKEDOWN-Theorie. Straße und Autobahn 51 Nr. 6, 2000.

Wellner, F.; Wiehler, H. Straßenbau - Konstruktion und Ausführung. Huss-Medien GmbH, 5. Auflage, 2005.

Widmann, G. Künstliche neuronale Netze und ihre Beziehungen zur Statistik. Europäische Hochschulschriften; Frankfurt am Main; 2001.

Wiman, L.G. Zeitgeraffter Belastungsversuch von Verkehrswegen (Orig. engl.: Accelerated load testing of pavements: HVS-Nordic tests at VTI Sweden 2003-2004). Linköping: Swedish National Road and Transport Research Institute (VTI); 2006.

Wistuba, M.; Blab, R.; Litzka, J. Oberbauverstärkung von Asphaltstraßen. Schriftenreihe Straßenforschung (Wien) H. 546, 2004.

Wolf, A. Restnutzungsdauer von Asphaltschichten. Berichte der Bundesanstalt für Straßenwesen, Heft 17, 1998.

Wüst, W. Stochastische Betrachtung des Langzeitverhaltens von Asphaltstraßen. Bitumen, Heft 4, 1991.

Xu, B.; Ranjithan, S.; Kim, Y. Neue Abhängigkeiten zwischen den mit dem Falling Weight Deflectometer gemessenen Verformungen und Zustandsindikatoren der Asphaltfahrbahnbefestigungen (Orig. engl.: New relationships between falling weight deflectometer deflections and asphalt pavement layer condition indicators). Washington, D.C.: Transportation Research Board (TRB), 2002a.

Xu, B.; Ranjithan, S.; Kim, Y. Neues Verfahren zur Beurteilung des Zustandes von Asphaltfahrbahnbefestigungen mit dem Falling Weight Deflectometer (Orig. engl.: New condition assessment procedure for asphalt pavement layers, using falling weight deflectometer deflections). Washington, D.C.: Transportation Research Board (TRB), 2002b.

Yang, J.; Lu, J.; Gunaratne, M. Voraussage der Fahrbahndeckenbeschaffenheiten mit neuralen Netzwerken (Orig. engl.: Forecasting overall pavement condition with neural networks). Washington, D.C.: Transportation Research Board (TRB), 2003.

Zander, P. Grundlagen einer rechnerischen Dimensionierung des Straßenoberbaus aus Asphalt. Straße und Autobahn Nr. 9, 2007.

Zöfel, P. SPSS-Syntax. Pearson Studium, 2002.

Zuo, G.; Drumm, E.C.; Meier, R.W. Wirkung der Umgebung auf die prognostizierte Nutzungsdauer von Asphaltbefestigungen (Orig. engl.: Environmental effects on the predicted Service life of flexible pavements). Journal of Transportation Engineering 133, 2007.

Abbildungsverzeichnis

1.1 Deflexionsmuldenintervall und Referenzmaßzahlen für die Bauweise nach RStO 01, Tafel 1, Zeile 1, Bauklasse SV; Temperaturbereich 1: 17 bis 25 °C (Roos et al., 2008) 10

1.2 Flussdiagramm zur Vorgehensweise und Gliederung dieser Arbeit 13

2.1 Schematische Veranschaulichung von Klassifizierung, Klassifikation und Klassierung 16

2.2 Einflüsse auf die Tragfähigkeit einer Straßenbefestigung (gemäß Wistuba et al., 2004) 17

2.3 Zusammenhang zwischen Asphaltsteifigkeit und Oberbautemperatur (COST-Action 336, 2000) 20

2.4 Schematische Darstellung der Änderungen der Tragfähigkeit einer Straße mit der Jahreszeit in Abhängigkeit von der Untergrundtragfähigkeit (Jessberger und Laue, 1992) 22

2.5 Verformungsverhalten der Oberfläche einer Straßenbefestigung (Durth und Grätz, 1996) 26

2.6 Rissbilder und Ursachen der Rissbildung bei Asphaltkonstruktionen (Krause, 2000) 27

2.7 Ursachen von Unebenheit in Längsrichtung (Krause, 2000) 29

2.8 Ursachen von Unebenheit in Querrichtung (Krause, 2000) 29

2.9 Prinzip der Erzeugung und Messung der Deflexionsmulde auf Asphaltbefestigungen mit dem FWD (schematisch) (FGSV, 2008a) 31

2.10 Rheologische Modelle: a) Hook´sche Feder, b) Viskoser Dämpfer, c) Maxwell-Modell (Riedl, 2006) 34

2.11 Mehrschichtenmodell (Stöckert, 2002) 35

2.12 Dehnung sowie Biegezug- und Biegedruckbereiche an der Unterseite der Asphalttragschicht bei der Überfahrt einer Achse über die Modellstraße (Zander, 2007) 37

3.1 Schematische Darstellung der Datenverwaltung und -verarbeitung 41

3.2 Innerer Aufbau eines Neurons (Tawil, 1999) 45

3.3 Backpropagation-Netz mit N Eingängen, N2 Ausgängen und einer verdeckten Schicht mit N1 Neuronen (Tawil, 1999) 47

4.1 Flussdiagramm zur Analyse des Datenkollektivs und zur anschließenden Generierung und Klassifizierung theoretischer Deflexionsmulden 50
4.2 Verteilungen der Schicht-E-Moduln der Asphaltschicht 51
4.3 Verteilungen der Schicht-E-Moduln der ungebundenen Schichten 52
4.4 Temperaturabhängigkeit des Schicht-E-Moduls E1 für die untersuchten Strecken 55
4.5 Temperaturabhängigkeit des Schicht-E-Moduls E1 für alle Strecken 55
4.6 Häufigkeitsverteilungen der Bestimmtheitsmaße bei linearer und exponentieller Anpassung der Temperaturabhängigkeit 57
4.7 Beispiel für die Erfassung der Temperaturabhängigkeit von E1 für einen Messpunkt durch Regressionsrechnung 57
4.8 Abhängigkeit des Temperatureinflusses (Regressionskoeffizient b) von der Asphaltsteifigkeit bei 20 °C (Regressionskoeffizient a) für jeden Messpunkt . 58

5.1 Flussdiagramm zur Generierung und Klassifizierung theoretischer Deflexionsmulden 60
5.2 Schema zur zufallsbasierten Zusammenstellung von Straßenmodellen und Berechnung von Deflexionsmulden; angelehnt an Graves und Mahboub (2007) 62
5.3 Verteilung des Regressionskoeffizients b [MPa/K] für Steifigkeiten in den jeweils angegebenen Bereichen 63
5.4 Ermittlung des Temperatureinflusses (Regressionskoeffizient b) in Abhängigkeit von der Asphaltsteifigkeiten bei 20 °C (Regressionskoeffizient a) 64
5.5 Häufigkeitsverteilung der Regressionskoeffizienten b für eine mittlere Temperaturabhängigkeit μ_b von -469 MPa/K und einer Standardabweichung σ_b von 107 MPa/K bei 1.000 Stichproben 64
5.6 Bauklassenabhängige Verteilungen der theoretischen Zustandsindikatoren für die verschiedenen Bereiche der Standard-Asphalttemperatur 67
5.7 Verteilung der Asphaltsteifigkeiten bei 20°C in MPa (Ziffern 1 bis 5: Steifigkeitsklasse Asphalt) 69
5.8 Eingeteilte Merkmalsräume für die Asphaltsteifigkeiten aufgrund der festgelegten Steifigkeitsklassen 70
5.9 Skizze eines Merkmalsraumes (Schnoerr, 2000) 71
5.10 Bauklassenabhängige Verteilungen der Zustandsindikatoren für die verschiedenen Bereiche der Standard-Asphalttemperatur für die Steifigkeitsklassen 3 (a: theoretisch generiert; b: aus dem FE-Projekt 04.188/2002/BGB (Roos et al., 2008);) 72
5.11 Beispiel für klassifizierte und katalogisierte Deflexionsmulden (vgl. Abb. 1.1) 75

6.1 Vorgehensweise bei der Klassierung mit KNN 77
6.2 Abweichung der Klassierung des KNN von den "konventionellen" Zuordnungen 79

6.3 Örtliche Gegebenheiten, visueller Zustand und klassierte Tragfähigkeit (Messtermin: September 2004, rechte Radspur; KNN: KNIME) 81

6.4 Verteilungen der Zustandsindikatoren D0, UI und Tz für die verschiedenen Steifigkeitsklassen TmB und Bereiche der Standard-Asphalttemperatur (Bauklasse II, Steifigkeitsklasse ToB und UG/UB: 3) 83

6.5 Verteilungen der Zustandsindikatoren D0, UI und Tz für die verschiedenen Steifigkeitsklassen ToB und Bereiche der Standard-Asphalttemperatur (Bauklasse II, Steifigkeitsklasse TmB und UG/UB: 3) 83

6.6 Verteilungen der Zustandsindikatoren D0, UI und Tz für die verschiedenen Steifigkeitsklassen UG/UB und Bereiche der Standard-Asphalttemperatur (Bauklasse II, Steifigkeitsklasse TmB und ToB: 3) 84

7.1 Alternative Vorgehensweise zur Klassifikation von Tragfähigkeitsmessdaten hinsichtlich Beanspruchungsgrößen 92

B.1 FWD mit Zugfahrzeug im Messbetrieb 121

C.1 Angaben zur Untersuchungsstrecke 101 124
C.2 Variantenzuordnung; Raster der Messpunkte bzw. Untersuchungsstellen . . 126
C.3 Streckenbänder von E1, E2 und E3 der Strecke 101 (Messtermin: Oktober 2004 und alle Varianten) 127
C.4 Angaben zur Untersuchungsstrecke 104 129
C.5 Streckenbänder von E1, E2 und E3 der Strecke 104 (Messtermin: September 2004) 130
C.6 Angaben zur Untersuchungsstrecke 123 132
C.7 Streckenbänder von E1, E2 und E3 der Strecke 123 (Messtermin: September 2004) 133
C.8 Angaben zur Untersuchungsstrecke 141 135
C.9 Streckenbänder von E1, E2 und E3 der Strecke 141 (Messtermin: September 2004) 136

Tabellenverzeichnis

2.1 Rissarten (von Becker, 1976) 28

2.2 Parameter zur Beurteilung der Tragfähigkeit von Asphaltkonstruktionen nach Jendia (1995) 33

4.1 Annahmen und Festlegungen für die Rückrechnung der Schicht-E-Moduln . . 51

5.1 Spannweiten der für die Auswahl der Straßenmodelle zurgrundegelegten Gleichverteilungen 61

5.2 Statistische Basiskenngrößen zur Verteilung des Regressionskoeffizients b . 63

5.3 Steifigkeitsklassen und Klassengrenzen der Schicht-E-Moduln 68

5.4 Statistische Basiskenngrößen zur Verteilung des Regressionskoeffizienten a 68

5.5 Einflussfaktoren auf die Steifigkeitsklassen und diesbezügliche Beurteilungen 74

C.1 Temperaturverhältnisse zu den Messzeitpunkten (Strecke 101) 125

C.2 Statistische Kenngrößen von Schicht-E-Moduln nach Messterminen differenziert (Strecke 101, rechte Radspur) 128

C.3 Temperaturverhältnisse zu den Messzeitpunkten (Strecke 104) 131

C.4 Statistische Kenngrößen von Schicht-E-Moduln nach Messterminen differenziert (Strecke 104, rechte Radspur) 131

C.5 Temperaturverhältnisse zu den Messzeitpunkten (Strecke 123) 134

C.6 Statistische Kenngrößen von Schicht-E-Moduln nach Messterminen differenziert (Strecke 123, rechte Radspur) 134

C.7 Temperaturverhältnisse zu den Messzeitpunkten (Strecke 141) 137

C.8 Statistische Kenngrößen von Schicht-E-Moduln nach Messterminen differenziert (Strecke 141, rechte Radspur) 138

D.1 Typische Werte von Steifigkeitsmoduln und Poisson´sche Zahle für Asphaltschichten (Fuchs, 2001) 139

D.2 Typische Werte von Steifigkeitsmoduln und Poisson´schen Zahlen für ungebundene Materialien (Fuchs, 2001) 140

D.3 Typische Werte von Steifigkeitsmoduln und Poisson´schen Zahlen für Untergrund- und andere Materialien (Fuchs, 2001) 141

D.4 Verformungskenn- und Vergleichswerte für Böden (FGSV, 2007c) 141

D.5 Verformungskenn- und Vergleichswerte für Tragschichten ohne Bindemittel (ToB) (FGSV, 2007c) 142

E.1 Statistische Kenngrößen der Schicht-E-Moduln der Asphaltschicht differenziert nach den Bereichen der Standard-Asphalttemperatur 143

E.2 Statistische Kenngrößen der Schicht-E-Moduln für die ungebundenen Schichten (ToB und Untergrund/-bau) 144

E.3 Tabellarische Zusammenstellung der Mittelwerte der Bestimmtheitsmaße R^2 und Regressionskoeffizienten zur Temperaturanalyse 144

E.4 Statistische Kenngrößen der Zustandsindikatoren D0 und nach Jendia für Bauweisen nach Zeile 1 der RStO 01 und unterschiedliche Bereiche der Standard-Asphalttemperatur (Bauklassen SV bis III) 145

E.5 Statistische Kenngrößen der Zustandsindikatoren D0 und nach Jendia für Bauweisen nach Zeile 1 der RStO 01 und unterschiedliche Bereiche der Standard-Asphalttemperatur (Bauklassen IV bis VI) 146

E.6 Statistische Kenngrößen der Zustandsindikatoren D0 und nach Jendia für Bauweisen nach Zeile 1 der RStO 01 und unterschiedliche Bereiche der Standard-Asphalttemperatur eingegrenzt auf die Klassen 3 (Bauklassen SV bis III) 147

E.7 Statistische Kenngrößen der Zustandsindikatoren D0 und nach Jendia für Bauweisen nach Zeile 1 der RStO 01 und unterschiedliche Bereiche der Standard-Asphalttemperatur eingegrenzt auf die Klassen 3 (Bauklassen IV bis VI) 148

E.8 Minimal- und Maximalwerte der Zustandsindikatoren D0, UI und Tz für die verschiedenen Steifigkeitsklassen TmB und Bereiche der Standard-Asphalttemperatur (Bauklasse II; Steifigkeitsklasse Tob und UG/UB: 3) 149

E.9 Minimal- und Maximalwerte der Zustandsindikatoren D0, UI und Tz für die verschiedenen Steifigkeitsklassen ToB und Bereiche der Standard-Asphalttemperatur (Bauklasse II; Steifigkeitsklasse TmB und UG/UB: 3) . . . 149

E.10 Minimal- und Maximalwerte der Zustandsindikatoren D0, UI und Tz für die verschiedenen Steifigkeitsklassen UG/UB und Bereiche der Standard-Asphalttemperatur (Bauklasse II; Steifigkeitsklasse TmB und ToB: 3) 150

F.1 Kreuztabellarische Gegenüberstellung der vorhandenen Steifigkeitsklasse mit der prognostizierten Steifigkeitsklasse für Asphalt (Trainingsdatensatz; Clementine; Genauigkeit: 74 %) 151

F.2 Kreuztabellarische Gegenüberstellung der vorhandenen Steifigkeitsklasse mit der prognostizierten Steifigkeitsklasse für ToB (Trainingsdatensatz; Clementine; Genauigkeit: 82 %) 151

F.3 Kreuztabellarische Gegenüberstellung der vorhandenen Steifigkeitsklasse mit der prognostizierten Steifigkeitsklasse für den Untergrund/-bau (Trainingsdatensatz; Clementine; Genauigkeit: 98 %) 151

F.4 Kreuztabellarische Gegenüberstellung der vorhandenen Steifigkeitsklasse mit der prognostizierten Steifigkeitsklasse für Asphalt (Validierungsdatensatz; KNIME; Genauigkeit: 60 %) 152

F.5 Kreuztabellarische Gegenüberstellung der vorhandenen Steifigkeitsklasse mit der prognostizierten Steifigkeitsklasse für ToB (Validierungsdatensatz; KNIME; Genauigkeit: 83 %) 152

F.6 Kreuztabellarische Gegenüberstellung der vorhandenen Steifigkeitsklasse mit der prognostizierten Steifigkeitsklasse für den Untergrund/-bau (Validierungsdatensatz; KNIME; Genauigkeit: 98 %) 152

G.1 Ober- und Untergrenzen der Beanspruchungsgrößen der einzelnen Bemessungskriterien zugeordnet zu den Steifigkeitsklassen für die Steifigkeitsklasse Untergrund/-bau 1 (Asphaltschichtdicke: 28 cm; Dicke der ToB: 42 cm) . . . 154

G.2 Ober- und Untergrenzen der Beanspruchungsgrößen der einzelnen Bemessungskriterien zugeordnet zu den Steifigkeitsklassen für die Steifigkeitsklasse Untergrund/-bau 2 (Asphaltschichtdicke: 28 cm; Dicke der ToB: 42 cm) . . . 155

G.3 Ober- und Untergrenzen der Beanspruchungsgrößen der einzelnen Bemessungskriterien zugeordnet zu den Steifigkeitsklassen für die Steifigkeitsklasse Untergrund/-bau 3 (Asphaltschichtdicke: 28 cm; Dicke der ToB: 42 cm) . . . 156

G.4 Ober- und Untergrenzen der Beanspruchungsgrößen der einzelnen Bemessungskriterien zugeordnet zu den Steifigkeitsklassen für die Steifigkeitsklasse Untergrund/-bau 4 (Asphaltschichtdicke: 28 cm; Dicke der ToB: 42 cm) . . . 157

G.5 Ober- und Untergrenzen der Beanspruchungsgrößen der einzelnen Bemessungskriterien zugeordnet zu den Steifigkeitsklassen für die Steifigkeitsklasse Untergrund/bau 5 (Asphaltschichtdicke: 28 cm; Dicke der ToB: 42 cm) 158

A Abkürzungen und Begriffe

Abkürzungen

ADS	Asphaltdeckschicht
ABS	Asphaltbinderschicht
ACN	Aircraft Classification Number
ATS	Asphalttragschicht
B	bemessungsrelevante Beanspruchung nach RStO 01
BAB	Bundesautobahn
COST	European Cooperation in the Field of Scientific and Technical Research
D0	maximale Deflexion im Lastzentrum
DTV	durchschnittlicher täglicher Verkehr
DTV^{SV}	durchschnittlicher täglicher Verkehr (Schwerverkehr)
E-Modul	Elastizitätsmodul
E_i	Schicht-E-Modul der Schicht i
E_{vd}	dynamischer Verformungsmodul
$E_{v1,2}$	Verformungsmoduln
E_h	Schicht-E-Modul (horizontal)
E_v	Schicht-E-Modul (vertikal)
EP RuK	Erweichungspunkt Ring und Kugel
ϵ	Dehnung
FGSV	Forschungsgesellschaft für Straßen- und Verkehrswesen
FSS	Frostschutzschicht
FWD	Falling Weight Deflectometer
HGT	hydraulisch gebundene Tragschicht
ISE	Institut für Straßen- und Eisenbahnwesen; Universität Karlsruhe
KNN	Künstliche Neuronale Netze
μ	Poissonzahl / Querdehnzahl [-]
μ	Mittelwert der Gesamtheit
M	Messlinie: Fahrstreifenmitte (zwischen den Radspuren)
N	Anzahl Fälle innerhalb einer Gruppe
PCN	Pavement Classification Number
PMS	Pavement Management System

PPP	Private-Public-Partnership
R	Messlinie: äußere Radspur (rechte Radspur)
R0	Krümmungsradius im Lastzentrum
$\pm\,s$	Standardabweichung
SV	Schwerverkehr
$\pm\sigma$	Standardabweichung der Gesamtheit/Spannung
TmB	Tragschicht mit Bindemittel
ToB	Tragschicht ohne Bindemittel
Tz	Tragfähigkeitszahl
UI	Untergrund/-bau-Indikator
UG/UB	Untergrund/-bau
V	Variationskoeffizient (Variationskoeffizient)
$\bar{x}$	arithmetischer Mittelwert
ZEB	Zustandserfassung und -bewertung

Begriffe

Ausreißer (FGSV, 2003a)

Technischer Ausreißer: Ein technischer Ausreißer liegt vor, wenn nachweisbar ist, dass bei der Ermittlung des betreffenden Messwertes durch die beteiligten Personen technische Bedingungen nicht eingehalten oder vermeidbare Fehler gemacht wurden, sei es aus mangelnder Sorgfalt oder aus Unvermögen oder infolge von Missgeschicken. Solche Fehler können sein:

- Verfahrensfehler (z.B. Verstoß gegen die Probenahmevorschrift, Abweichungen vom vorgeschriebenen Verfahrensgang, Verwendung unzulässiger Geräte usw.)

- Ablesefehler an Skalen, Eichfehler, Kalibrierfehler

- Schreibfehler sowie Datenerfassungs- und Übertragungsfehler

- Nichtbeachtung von systematischen Veränderungen der Versuchs- oder Umweltbedingungen

Statistische Ausreißer: Ein statistischer Ausreißer liegt vor, wenn die Abweichung des Wertes statistisch signifikant ist. Das Auftreten eines statistischen Ausreißers kann verschiedene Ursachen haben. Es kann sein, dass

- bei der Ermittlung des betreffenden Wertes im Vergleich zu den anderen Werten zusätzliche Streuungsursachen (z.B. außergewöhnliche, unkontrollierte oder unkontrollierbare Einflüsse oder zufällige, nicht erkennbare Änderungen in den Versuchsbedingungen während des Mess- bzw. Prüfvorganges) wirksam waren;

- das untersuchte Messobjekt nicht der gleichen, unter einheitlichen Bedingungen entstandenen Grundgesamtheit entstammt wie die anderen Messobjekte;

- der Wert nicht der gleichen Merkmals- bzw. Wahrscheinlichkeitsverteilung entstammt wie die übrigen Werte.

Bemerkung: Es kann vorkommen, dass ein eigentlich technischer Ausreißer nicht als solcher erkannt wird, sondern erst durch einen Ausreißertest als Ausreißer identifiziert wird. Dann wird er zu den statistischen Ausreißern gezählt. Dies hat aber für das weitere Vorgehen keinerlei Auswirkungen.

"Betriebsphasen" (von Becker, 1976)

I. Bauphase:
1.1. Einbau und Verdichtung des Materials (Nullzustand für das Material)
1.2. Einbau und Verdichtung der nächsten Befestigungsschicht(en)

1.3. Liegezeit bis zur Verkehrsübergabe (Nullzustand für die Gesamtbefestigung)

II. Konsolidierungsphase
In dieser Phase findet der größte Teil der Nachverdichtung, Kornumlagerung, -verfeinerung und Nachverspannung in den einzelnen Schichten statt. Der durch den Bau gestörte Wasserhaushalt im Untergrund konsolidiert sich wieder. Untergrundverformungen (Setzungen) klingen ab. Die äußere Folge dieser internen Vorgänge, welche im Allgemeinen mit einer Zunahme der Schichtsteifigkeiten einhergehen, ist eine mehr oder weniger starke, jedoch als unschädlich zu bezeichnende Spurrinnenbildung (Konsolidierungsverformungen). Risse treten in dieser Zeit nicht auf. Die Länge dieser Phase ist im Verhältnis zur Lebensdauer der Befestigung relativ kurz. Sie wird beeinflusst von den verwendeten Schichtmaterialien, der Art des Untergrundes, den hydrologischen und klimatischen Verhältnissen, dem Befestigungsaufbau, der Gesamtdicke, der erreichten Anfangsverdichtung, der Festigkeitsentwicklung, dem Zeitpunkt der Verkehrsübergabe und der Verkehrsintensität in dieser Phase. Die Konsolidierung wird nach zwei, längstens nach 60 Monaten abgeschlossen sein.

III. Beharrungsphase (überwiegend elastisches Verformungsverhalten)
Diese Phase ist gekennzeichnet durch weitgehend gleichbleibende Steifigkeitsverhältnisse im Jahresmittel. Veränderungen der E-Moduln sind lediglich durch klimatische Einflüsse zu erwarten. Bleibende Verformungen nehmen, wenn sie überhaupt auftreten, nur sehr langsam zu. Wenn Unterhaltungsmaßnahmen erforderlich werden, dann nicht wegen struktureller (tiefgreifender) Schäden, sondern zur Ausbesserung oberflächennaher Verschleissschäden und/ oder Verformungen (Spurrinnen), überwiegend aus Verkehrssicherheitsgründen. Die Beharrungsphase nimmt den längsten Zeitraum der Nutzungsdauer einer Straßenbefestigung ein.

IV. Ermüdungsphase (überwiegend plastisches Verformungsverhalten)
Diese letzte Phase kündigt das Ende der Lebensdauer einer Straßenbefestigung, einer ihrer Schichten oder des Untergrundes an. Die Materialermüdung äußert sich in einer progressiven Spurrinnen- und Rissbildung, vornehmlich im bituminös oder hydraulisch gebundenen Teil der Befestigung. Verkehrsbeschränkungen können erforderlich werden, vor allem in der Auftauperiode. Eine Deckenverstärkung kann je nach Schadensursache die Gebrauchsfähigkeit der Befestigung wieder herstellen, doch ist dann in der Regel mit einer schnelleren Verschlechterung des Befahrbarkeitszustandes zu rechnen, als es bei der ursprünglichen Befestigung der Fall war.

Boxplot (Janssen und Laatz, 1999)

Der Boxplot jeder Gruppe enthält in der Mitte einen schwarz oder farbig ausgefüllten Kasten (Box). Er gibt den Bereich zwischen dem ersten und dem dritten Quartil an (also den Bereich, in dem die mittleren 50 % der Fälle der Verteilung liegen). Die Breite dieses Kästchens (entspricht dem Interquartilsbereich) gibt einen Hinweis auf die Streuung der

Werte dieser Gruppe. Außerdem zeigt ein schwarzer Strich in der Mitte dieses Kästchens die Lage des Medianwertes an. Seine Lage innerhalb des Kästchens gibt einen Hinweis auf Symmetrie oder Schiefe. Liegt er in der Mitte, ist die Verteilung symmetrisch, liegt er zu einer Seite verschoben, ist sie schief. Zusätzlich geben die Querstriche am Ende der jeweiligen Längsachse die höchsten bzw. niedrigsten beobachteten Werte an, die keine "Extremwerte" bzw. "Ausreißer" sind (auch "Whisker" genannt). Von SPSS als "Ausreißer" bezeichnete Werte weichen zwischen 1,5 und 3 Boxenlängen vom oberen Quartilswert nach oben bzw. vom unteren Quartilswert nach unten ab. Sie werden durch einen kleinen Kreis gekennzeichnet. Als "Extremwerte" bezeichnete Werte weichen mehr als drei Boxenlängen vom oberen Quartilswert nach oben bzw. vom unteren Quartilswert nach unten ab. Sie werden mit einem Stern gekennzeichnet.

Einflussgröße (Steyer et al., 2004)

Größe, die nicht Gegenstand der Messung ist, jedoch die Messgröße oder die Ausgabe beeinflusst [DIN 1319-1]. Für die Auswertung von Messgrößen ist die Erfassung relevanter Einflussgrößen erforderlich. Soweit ihre Auswirkungen auf die Messgröße bekannt sind, müssen diese Auswirkungen als Korrektionen (siehe DIN 1319-1) berücksichtigt werden. Einflussgrößen können sowohl das Messergebnis als auch den augenblicklichen Zustand eines Messobjektes beeinflussen. Es ist zu empfehlen, zwischen der Wirkung der Einflussgrößen auf das Messergebnis und auf das Messobjekt durch geeignete Verfahren zu trennen (DIN 18710-1) [Deutsches Institut für Normung e. V. (1998)].

Einsenkung, Deflexion (FGSV, 1990)

Unter Einsenkung (Deflexion) ist die unter bestimmten Versuchsbedingungen gemessene, sich rückbildende, vertikale Verformung an einem Punkt der Straßenoberfläche zu verstehen.

Gradiente (Steyer et al., 2004)

Linie, die den Verlauf einer Straße im Höhenplan darstellt [Forschungsgesellschaft für Straßen- und Verkehrswesen (2000)].

Grundgesamtheit (Boesefeldt und Lensing, 1989)

Die Menge aller Ereignisse (Sachverhalte, Personen, Fälle), die als Realisierungen einer Zufallsvariablen möglich sind. Eine Stichprobe ist ein Teil der Grundgesamtheit. Die Maßzahlen zur Charakterisierung der Grundgesamtheit nennt man Parameter und bezeichnet sie gewöhnlich mit griechischen Buchstaben $(\mu; \sigma)$ Die entsprechenden Parameter in Stichproben werden in der Regel mit lateinischen Buchstaben bezeichnet (Mittelwert $\bar{x}$; Standardabweichung s).

Kategorisierung

Klassifizierung und Kategorisierung sind im Grunde genommen dasselbe; unter "Klassifizierung" fasst man jedoch Mathematik und Technik, unter "Kategorisierung" Psychologie und Bedeutung zusammen. Kategorisierung kann darüber hinaus das Festlegen der Klassen umfassen.

Klassifikator, Klassifizierer

Klassifikator nennt man die Instanz, die eine Klassifizierung oder Klassierung vornimmt.

Klassifikationsverfahren

Das Klassifikationsverfahren bestimmt die Vorgehensweise des Klassifikators. Oft wird nicht zwischen Klassifikator und Klassifikationsverfahren unterschieden.

Median (Boesefeldt und Lensing, 1989)

Derjenige Wert einer mindestens ordinalskalierten Variablen, der eine Häufigkeitsverteilung in genau zwei gleiche Hälften teilt.

Skalenniveau

In der Statistik unterscheidet man die Attributausprägungen einer vorgegebenen Menge von Daten mittels Skalen mit unterschiedlichem Skalenniveau. Die wichtigsten Typen sind:

- Nominalskalierte Merkmale: Ausprägungen sind "Namen", keine Ordnung möglich, keine Aggregation möglich.

- Ordinalskalierte Merkmale: Ausprägungen können geordnet, aber Abstände nicht interpretiert werden. Median macht Sinn, Mittelwert z.B. nicht.

- Kardinalskalierte Merkmale: Ausprägungen sind Zahlen, Interpretation der Abstände möglich (metrisch). Mittelwertbildung, Standardabweichung etc. sinnvoll.

Statistische Kenngrößen

Statistische Kenngrößen sind zahlenmäßige Angaben zur Beschreibung der Eigenschaften von Messreihen, von Merkmalsverteilungen in Grundgesamtheiten und von Wahrscheinlichkeitsverteilungen bei Zufallsvorgängen (wie z.B. Prüfverfahren). Darüber hinaus bilden statische Kenngrößen die Grundlage für statistische Testverfahren. Im Allgemeinen dient das arithmetische Mittel einer Messreihe mit dem Stichprobenumfang n als statistische Kenngröße zur Beschreibung des Merkmalniveaus (Lagemaß). Die Berechnung des arithmetischen Mittels erfolgt nach folgender Gleichung:

$$\bar{x} = \frac{1}{n} \sum_{i=1}^{n} x_i \tag{A.1}$$

Als statistische Kenngröße für die Streuung einer Messreihe wird die Varianz s^2 nach Gleichung A.2 ermittelt:

$$s^2 = \frac{1}{n-1} \sum_{i=1}^{n} (x_i - \bar{x})^2 \qquad (A.2)$$

Die Standardabweichung $\pm s$ der Messreihe ist die Wurzel aus der Varianz. Sie ist ein Maß für die Streuung der Messwerte x_i um den arithmetischen Mittelwert bzw. ein Maß für die Abweichung der Messwerte voneinander (FGSV, 2000). Sie berechnet sich nach Gleichung A.3:

$$s = \sqrt{s^2} \qquad (A.3)$$

Der Variationskoeffizient bestimmt sich dann zu:

$$V = \frac{s}{\bar{x}} \qquad (A.4)$$

Die oben angegeben und erläuterten Ausführungen sowie die Ermittlung von Mittelwert, Varianz und Standardabweichung gelten grundsätzlich für jede beliebige Form einer Häufigkeitsverteilung (Sachs, 1999).

Standardabweichung (Messunsicherheit) (Steyer et al., 2004)

Statistisches Maß für die Streuung der Messdaten um den Erwartungswert (früher: mittlerer Fehler) [ZTV Verm-StB 01, Ausgabe 2001]; wird auch als Messunsicherheit bezeichnet und ist ein Kennwert zur Bezeichnung eines Wertebereiches für den wahren Wert einer Messgröße (DIN 1319-1, DIN 1319-3). Sie enthält zwei Komponenten aus der Berücksichtigung der systematischen und der zufälligen Messabweichung. Die Anteile werden quadratisch addiert (DIN 18710-1) [Deutsches Institut für Normung e. V. (1998)].

Stichprobe (Boesefeldt und Lensing, 1989)

Auswahl aus einer Grundgesamtheit; besonders wichtig ist die Zufallsstichprobe, bei der jedes Element der Grundgesamtheit die gleiche Chance hat, in die Stichprobe aufgenommen zu werden. Von den mit Hilfe der Deskriptivstatistik gewonnenen Erkenntnissen wird mittels der induktiven Statistik von der Stichprobe auf die Grundgesamtheit geschlossen. Beim Vergleich der Parameter verschiedener Stichproben ist für die Anwendung des jeweiligen Verfahrens die Unterscheidung zwischen abhängiger und unabhängiger Stichprobe von Bedeutung. Abhängigkeit bedeutet dabei, dass sich die zu vergleichenden Stichproben aus denselben Merkmalsträgern zusammensetzen. Bei unabhängigen Stichproben ist dies nicht der Fall.

Substanz (Oefner et al., 2000)

Substanz ist die Eigenschaft einer Straßenbefestigung, Rissen und Verformungen Widerstand zu leisten.

Tragfähigkeit (FGSV, 1990)

Die Tragfähigkeit einer Straßenbefestigung ist ihr Widerstand gegen kurzzeitige Verformungen.

Tragverhalten (FGSV, 1990)

Unter Tragverhalten ist die Änderung der Tragfähigkeit in Abhängigkeit von Zeit, dem Klima und/ oder Verkehrsbelastung zu verstehen.

Unterabschnitt

Unterabschnitt ist ein Abschnitt innerhalb einer Strecke, der sich in allen untersuchten Merkmalen als homogen erweist und sich durch Niveau bzw. Streumaß der Zustandsgröße(n) und/oder durch unterschiedliche Randbedingungen von anderen unterscheidet.

B Messsystem und -konfiguration

Abb. B.1: FWD mit Zugfahrzeug im Messbetrieb

- Laststufen: Standardbelastung 50 kN (707 kPa)

- Fallmasse: 150 kg

- Impulsdauer: 20 - 30 ms ·

- Durchmesser der Lastplatte: 300 mm

- Puffer: mittelhart

- Geofonabstände:

Geofon-Bez.	D0	D1	D2	D3	D4	D5	D6	D7	D8
Abstand vom Lastzentrum [cm]	0	21	33	51	90	127	150	180	210

- Positionen der Temperaturmessfühler:

Messfühler-Nr.	T1	T2	T3
Abstand von der Fahrbahnoberfläche [mm]	40	100	D - 30

D: Dicke der Asphaltschicht (gesamt)

C Angaben zu den Untersuchungsstrecken

C.1 A 8 - Pforzheim (101)

Lageplan

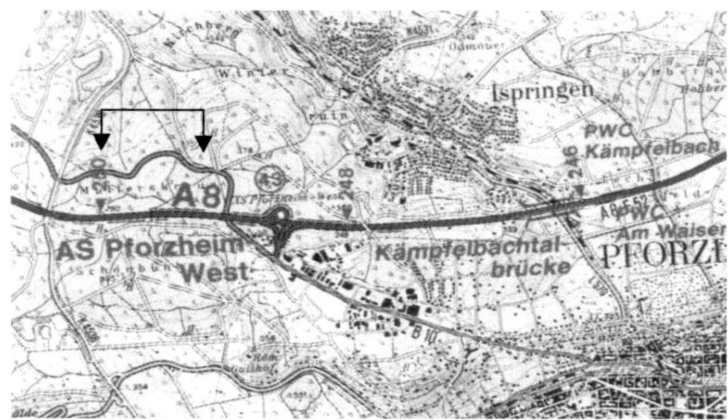

Aufbaudaten (nach Aktenlage)

nomineller Aufbau nach			
RStO 01, Tafel 1, Zeile 1, Bauklasse SV			
Jahr	**Kurzbez.**	**Beschreibung**	**Dicke [cm]**
1999	ADS	Asphaltdeckschicht	4
1999	ABS	Asphaltbinderschicht	8
1999	ATS	Asphalttragschicht	22
1999	KFT	komb. Frostschutz-/Tragschicht	36

Letzte Maßnahme:	Erneuerung 1999
Stationierung von:	km 250,0
Stationierung bis:	km 249,4
Streckenbezeichnung:	A 8 (Richtung München)
Verkehrsfreigabe:	November 2000
Verkehrsbeanspruchung B:	8,5 Mio. (2004)
Frosteinwirkungszone:	II

Bauliche Maßnahmen (nach Aktenlage)

Bezeichnung	Jahr	erneuerte Schichten
Mod 8/12	1999	ADS
		ABS
		ATS
		KFT

zusätzliche Bemerkungen

Untersuchungsstrecke weist 6 Varianten auf mit verschiedenen Materialien
in der kombinierten Frostschutz- /Tragschicht

Abb. C.1: Angaben zur Untersuchungsstrecke 101

Messtermin		T_Luft [°C]	T_Oberfl. [°C]	T1 [°C]	T2 [°C]	T3 [°C]	Standard-Asphalt-temperatur [°C]
August 1999	Minimum	33	33	34	26	24	26
	Maximum	38	42	40	29	26	30
November 2000	Minimum	12	10				11
	Maximum	14	13				14
März 2001	Minimum	10	10	10	9	8	9
	Maximum	12	11	12	11	10	11
Juli 2001	Minimum	23	24	28	26	25	26
	Maximum	32	29	31	29	26	29
Dezember 2001	Minimum	9	9	7	7	8	7
	Maximum	11	11	7	7	8	7
März 2002	Minimum	3	4	3	1	4	1
	Maximum	12	9	5	2	4	2
März 2003	Minimum	6	6	7	8	10	8
	Maximum	7	8	8	10	11	10
September 2003	Minimum	14	13	19	20	21	20
	Maximum	16	15	20	21	22	21
Juni 2004	Minimum	21	23	24	24	24	24
	Maximum	29	30	26	26	24	26
Oktober 2004	Minimum	26	25	22	20	14	20
	Maximum	34	30	23	21	15	21
Juni 2005	Minimum	28	29	31	29	27	29
	Maximum	37	34	33	31	27	31
August 2005	Minimum	19	19	20	19	19	19
	Maximum	35	30	35	29	26	28
September 2005	Minimum	14	14	13	14	12	14
	Maximum	22	18	18	16	13	16
Oktober 2005	Minimum	13	12	10	11	12	11
	Maximum	24	20	13	13	12	13

Tab. C.1: Temperaturverhältnisse zu den Messzeitpunkten (Strecke 101)

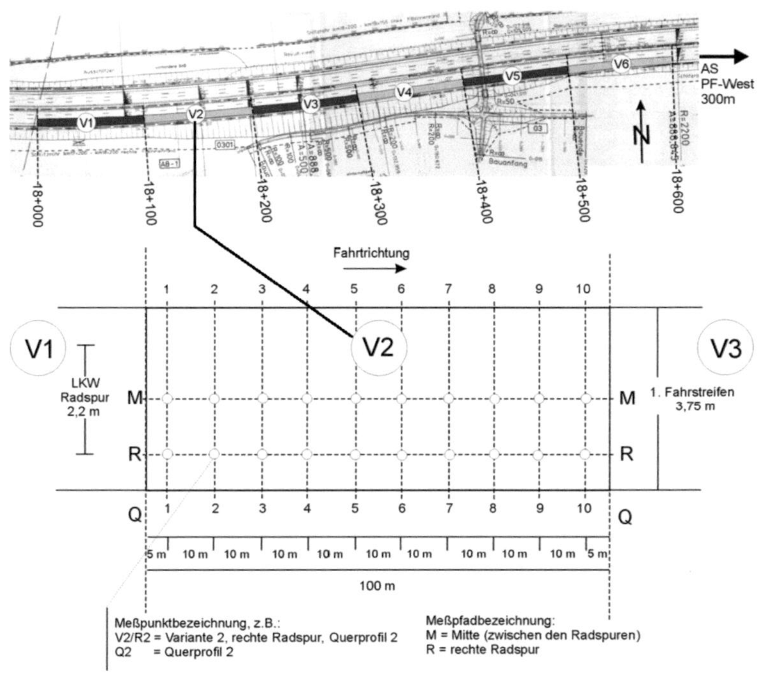

Kurzbezeichnung		Verwendete Baustoffgemische in der ToB	Bau-km		Längsneigung s		Querneigung q ◢ (in Fahrtrichtung)		Lage der Gradiente Einschnitt (E) oder Dammlage (D) bis zum Planum	
Variante	RC-Anteile oder Art des Gemisches		von	bis	von [%]	bis [%]	von [%]	bis [%]	von [m]	bis [m]
V1	KTS	Kies-Sand-Gemisch (Oberrhein-Moräne)	18+000	18+100	2,6	1,8	-4,9	-4,3	(E) 5,2	6,1
V2	60/40	RC Gemisch, 60 M.-% Betonaufbruch und 40 M.-% Aphaltgranulat	18+100	18+200	1,8	1	-4,3	1,2	(E) 6,1	10,8
V3	STS	Schotter-Splitt-Sand-Gemisch (Muschelkalk)	18+200	18+300	1	0,1	1,2	2,9	(E) 10,8	9,5
V4	100/0	RC Gemisch, 100 M.-% Betonaufbruch	18+300	18+400	0,1	-0,7	2,9	2,6	(E) 9,5	5,6
V5	50/50	RC Gemisch, 50 M.-% Betonaufbruch und 50 M.-% Aphaltgranulat	18+400	18+500	-0,7	-1,5	2,6	2,7	(E) 5,6	0,7
V6	70/30	RC Gemisch, 70 M.-% Betonaufbruch und 30 M.-% Aphaltgranulat	18+500	18+600	-1,5	-2,4	2,7	2,5	(E) 0,7	(D) 1,3

Abb. C.2: Variantenzuordnung; Raster der Messpunkte bzw. Untersuchungsstellen

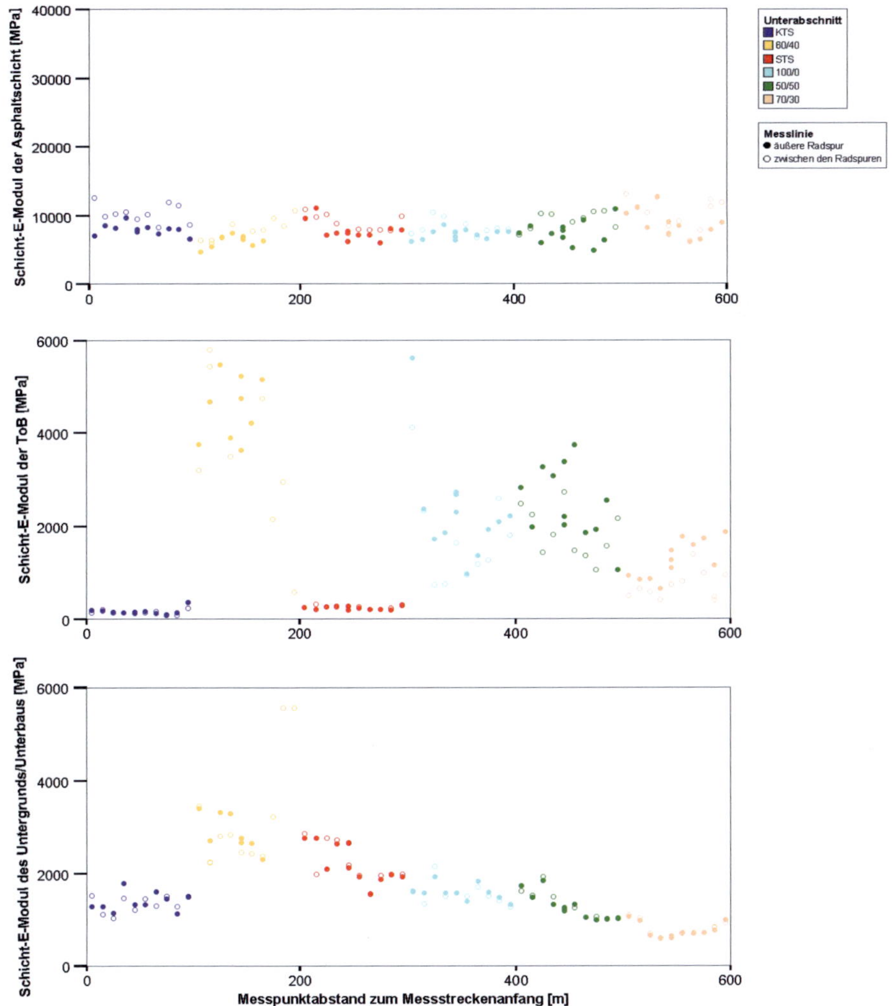

Abb. C.3: Streckenbänder von E1, E2 und E3 der Strecke 101 (Messtermin: Oktober 2004 und alle Varianten)

	Messtermin	Schicht-E-Modul der Asphaltschicht	Schicht-E-Modul der ToB	Schicht-E-Modul des Untergrunds/-baus
Anzahl N	August 1999	7	7	7
[-]	November 2000	56	56	56
	März 2001	59	59	59
	Juli2001	69	69	69
	März 2002	59	59	59
	März 2003	53	53	53
	September 2003	19	19	19
	Juni 2004	60	60	60
	Oktober 2004	58	58	58
	Juni 2005	57	57	57
	August 2005	347	347	347
	September 2005	319	319	319
	Oktober 2005	353	353	353
	Insgesamt	1.516	1.516	1.516
Mittelwert	August 1999	6.198	127	1.200
[MPa]	November 2000	18.378	1.390	2.039
	März 2001	19.366	1.324	2.111
	Juli2001	7.573	1.708	1.624
	März 2002	16.615	1.999	1.901
	März 2003	15.275	1.512	1.865
	September 2003	11.059	2.169	2.364
	Juni 2004	8.120	2.679	1.817
	Oktober 2004	10.644	3.636	1.773
	Juni 2005	6.810	2.383	1.605
	August 2005	9.474	2.295	1.902
	September 2005	12.431	2.106	2.095
	Oktober 2005	14.709	2.428	2.077
	Insgesamt	12.319	2.204	1.965
Standardabweichung	August 1999	1.395	61	445
[MPa]	November 2000	3.637	1.359	1.095
	März 2001	5.179	1.403	1.178
	Juli2001	1.457	1.576	713
	März 2002	4.498	2.371	1.136
	März 2003	3.270	1.474	826
	September 2003	1.800	3.859	1.144
	Juni 2004	1.578	2.602	1.025
	Oktober 2004	2.958	5.623	779
	Juni 2005	1.878	2.620	685
	August 2005	2.975	2.383	949
	September 2005	3.766	2.336	1.078
	Oktober 2005	4.883	2.818	1.085
	Insgesamt	4.000	2.619	1.019

Tab. C.2: Statistische Kenngrößen von Schicht-E-Moduln nach Messterminen differenziert (Strecke 101, rechte Radspur)

C.2 A 8 - Esslingen (104)

Lageplan

Aufbaudaten (nach Aktenlage)

nomineller Aufbau nach			
RStO 01, Tafel 1, Zeile 1, Bauklasse SV			
Jahr	**Kurzbez.**	**Beschreibung**	**Dicke [cm]**
1992	ADS	Splittmastixasphaltdeckschicht	4
1992	ABS	Asphaltbinderschicht	8
1992	ATS	Asphalttragschicht	22
1992	FSS	Frostschutzschicht	36

Letzte Maßnahme:	Tiefeinbau 1992
Stationierung von:	km 189,5
Stationierung bis:	km 190,0
Streckenbezeichnung:	A 8 (Richtung Karlsruhe)
Verkehrsfreigabe:	1992
Verkehrsbeanspruchung B:	21,0 Mio.(2004)
Frosteinwirkungszone:	II

Bauliche Maßnahmen (nach Aktenlage)

Bezeichnung	Jahr	erneuerte Schichten
Mod. M 8/10	1992/93	ADS
Flughafen		ABS
		ATS
		FSS

Abb. C.4: Angaben zur Untersuchungsstrecke 104

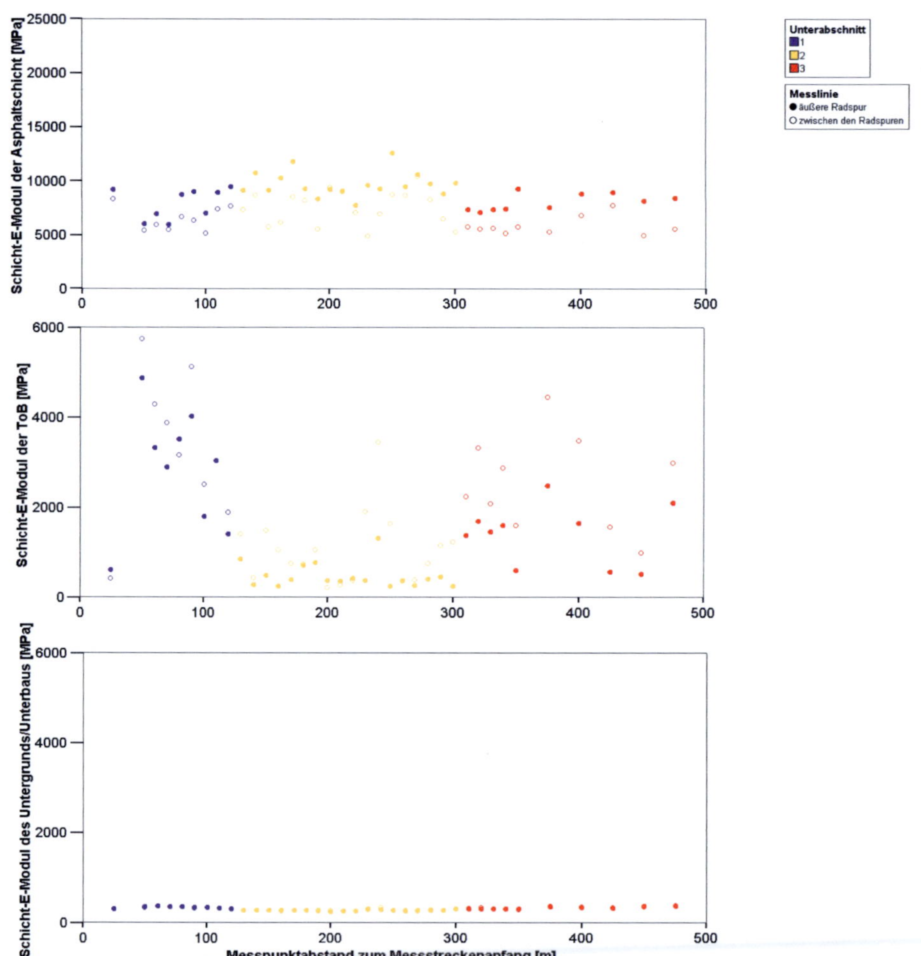

Abb. C.5: Streckenbänder von E1, E2 und E3 der Strecke 104 (Messtermin: September 2004)

Messtermin		T_Luft [°C]	T_Oberfl. [°C]	T1 [°C]	T2 [°C]	T3 [°C]	Standard-Asphalt-temperatur [°C]
Mai 2003	Minimum	7	8	15	15	14	15
	Maximum	14	12	17	16	14	16
November 2003	Minimum	6	4	6	6	7	6
	Maximum	15	11	8	7	10	7
Juni 2004	Minimum	26	26	35	32	29	32
	Maximum	31	33	38	33	30	32
September 2004	Minimum	21	21	20	19	19	19
	Maximum	26	26	23	21	19	21
August 2005	Minimum	21	19	20	17	18	17
	Maximum	33	26	32	26	20	26
April 2006	Minimum	14	11	12	12	12	12
	Maximum	29	25	21	17	13	17
Mai 2006	Minimum	21	20	19	17	17	17
	Maximum	24	23	22	19	17	19

Tab. C.3: Temperaturverhältnisse zu den Messzeitpunkten (Strecke 104)

	Messtermin	Schicht-E-Modul der Asphaltschicht	Schicht-E-Modul der ToB	Schicht-E-Modul des Untergrunds/-baus
Anzahl N [-]	Mai 2003	39	39	39
	November 2003	47	47	47
	Juni 2004	38	38	38
	September 2004	38	38	38
	August 2005	195	195	195
	April 2006	234	234	234
	Mai 2006	57	57	57
	Insgesamt	648	648	648
Mittelwert [MPa]	Mai 2003	14.275	707	325
	November 2003	15.920	1.324	296
	Juni 2004	6.459	1.268	305
	September 2004	8.784	1.309	308
	August 2005	8.860	1.148	299
	April 2006	12.207	1.047	312
	Mai 2006	10.284	1.034	304
	Insgesamt	10.887	1.104	306
Standard-abweichung [MPa]	Mai 2003	2.306	702	39
	November 2003	3.129	1.288	36
	Juni 2004	1.515	1.149	40
	September 2004	1.399	1.200	36
	August 2005	2.079	1.076	37
	April 2006	2.615	997	34
	Mai 2006	1.617	896	35
	Insgesamt	3.329	1.048	37

Tab. C.4: Statistische Kenngrößen von Schicht-E-Moduln nach Messterminen differenziert (Strecke 104, rechte Radspur)

C.3 A 81 - Hegau (123)

Lageplan

Aufbaudaten (nach Aktenlage)

nomineller Aufbau nach			
RStO 01, Tafel 1, Zeile 1, Bauklasse II			
Jahr	Kurzbez.	Beschreibung	Dicke [cm]
1985	ADS	Splittmastixasphaltdeckschicht	4
1985	ABS	Asphaltbinderschicht	8
1985	ATS	Asphalttragschicht	16
1985	FSS	Frostschutzschicht	42

Letzte Maßnahme:	Neubau 1985
Stationierung von:	km 723,37
Stationierung bis:	km 723,87
Streckenbezeichnung:	A 81 (Richtung Schaffhausen)
Verkehrsfreigabe:	1985
Verkehrsbeanspruchung B:	5,09 Mio. (2004)
Frosteinwirkungszone:	I

Bauliche Maßnahmen (nach Aktenlage)

Bezeichnung	Jahr	erneuerte Schichten
Neubau	1985	ADS
		ABS
		ATS
		FSS

Abb. C.6: Angaben zur Untersuchungsstrecke 123

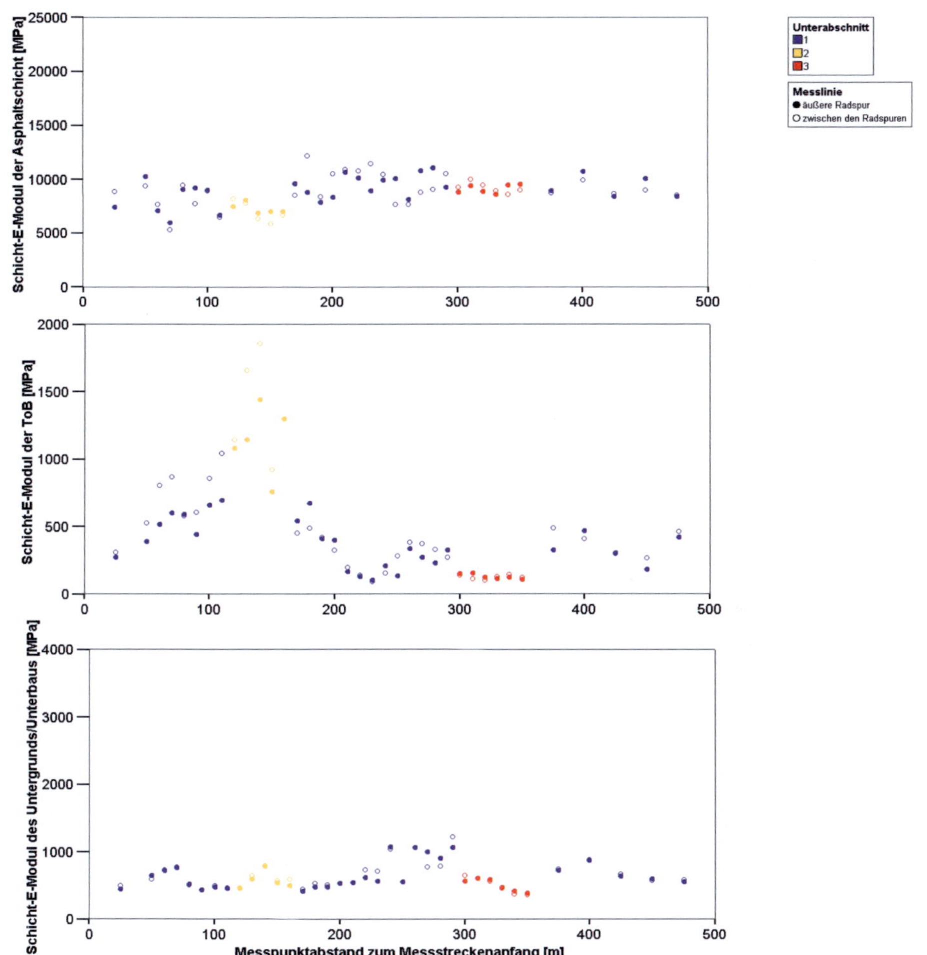

Abb. C.7: Streckenbänder von E1, E2 und E3 der Strecke 123 (Messtermin: September 2004)

Messtermin		T_Luft [°C]	T_Oberfl. [°C]	T1 [°C]	T2 [°C]	T3 [°C]	Standard-Asphalt-temperatur [°C]
April 2003	Minimum	13	12	14	15	15	14
	Maximum	18	18	16	15	16	15
September 2004	Minimum	19	22	23	22	21	22
	Maximum	23	28	28	26	22	26
Juli 2005	Minimum	35	30	34	28	24	28
	Maximum	51	38	35	30	25	30
August 2005	Minimum	17	16	17	18	18	18
	Maximum	27	25	23	21	20	21
September 2005	Minimum	11	10	11	12	14	12
	Maximum	23	29	21	17	15	17
November 2005	Minimum	5	4	5	6	7	6
	Maximum	12	12	8	8	7	8
März 2006	Minimum	4	4	5	6	7	6
	Maximum	10	10	7	7	8	7

Tab. C.5: Temperaturverhältnisse zu den Messzeitpunkten (Strecke 123)

	Messtermin	Schicht-E-Modul der Asphaltschicht	Schicht-E-Modul der ToB	Schicht-E-Modul des Untergrunds/-baus
Anzahl N [-]	April 2003	38	38	38
	September 2004	38	38	38
	Juli 2005	39	39	39
	August 2005	234	234	234
	September 2005	234	234	234
	November 2005	234	234	234
	März 2006	234	234	234
	Insgesamt	1.051	1.051	1.051
Mittelwert [MPa]	April 2003	11.812	424	652
	September 2004	8.775	436	634
	Juli 2005	6.579	388	613
	August 2005	9.620	423	654
	September 2005	11.293	404	652
	November 2005	15.824	395	652
	März 2006	15.449	417	624
	Insgesamt	12.607	410	644
Standard-abweichung [MPa]	April 2003	1.423	264	208
	September 2004	1.255	338	200
	Juli 2005	1.210	282	196
	August 2005	1.603	336	189
	September 2005	1.972	340	191
	November 2005	1.968	353	183
	März 2006	1.976	355	182
	Insgesamt	3.424	340	188

Tab. C.6: Statistische Kenngrößen von Schicht-E-Moduln nach Messterminen differenziert (Strecke 123, rechte Radspur)

C.4 K 5369 - Bottenau (141)

Lageplan

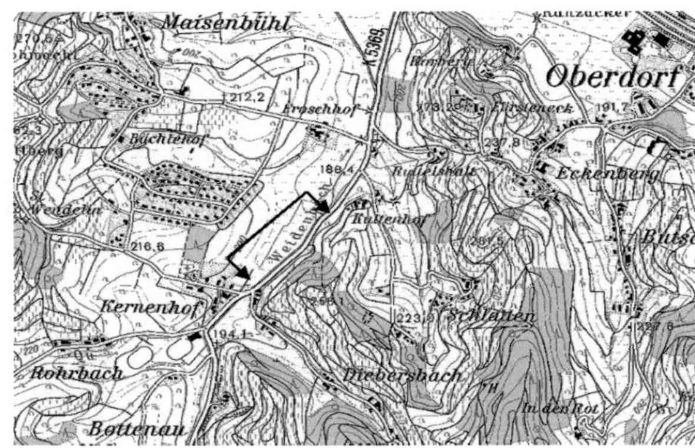

Aufbaudaten (nach Aktenlage)

nomineller Aufbau nach			
RStO 01, Tafel 1, Zeile 1, Bauklasse IV			
Jahr	Kurzbez.	Beschreibung	Dicke [cm]
2003	ADS	Asphaltdeckschicht	4
2003	ATS	Asphalttragschicht	14
2003	FSS	Frostschutzschicht	42

Letzte Maßnahme:	Neubau 2003
Stationierung von:	Bau-km 0+530
Stationierung bis:	Bau-km 0+830
Streckenbezeichnung:	K 5369 (Richtung Oberkirch)
Verkehrsfreigabe:	Juni 2003
Verkehrsbeanspruchung B:	0,03 Mio. (2004)
Frosteinwirkungszone:	I

Bauliche Maßnahmen (nach Aktenlage)

Neubau der Strecke in 2003

zusätzliche Bemerkungen

Untersuchungsstrecke weist 2 Untersuchungsabschnitte:
1 Untersuchungsabschnitt liegt im Einschnitt
1 Untersuchungsabschnitt liegt in Dammlage

Abb. C.8: Angaben zur Untersuchungsstrecke 141

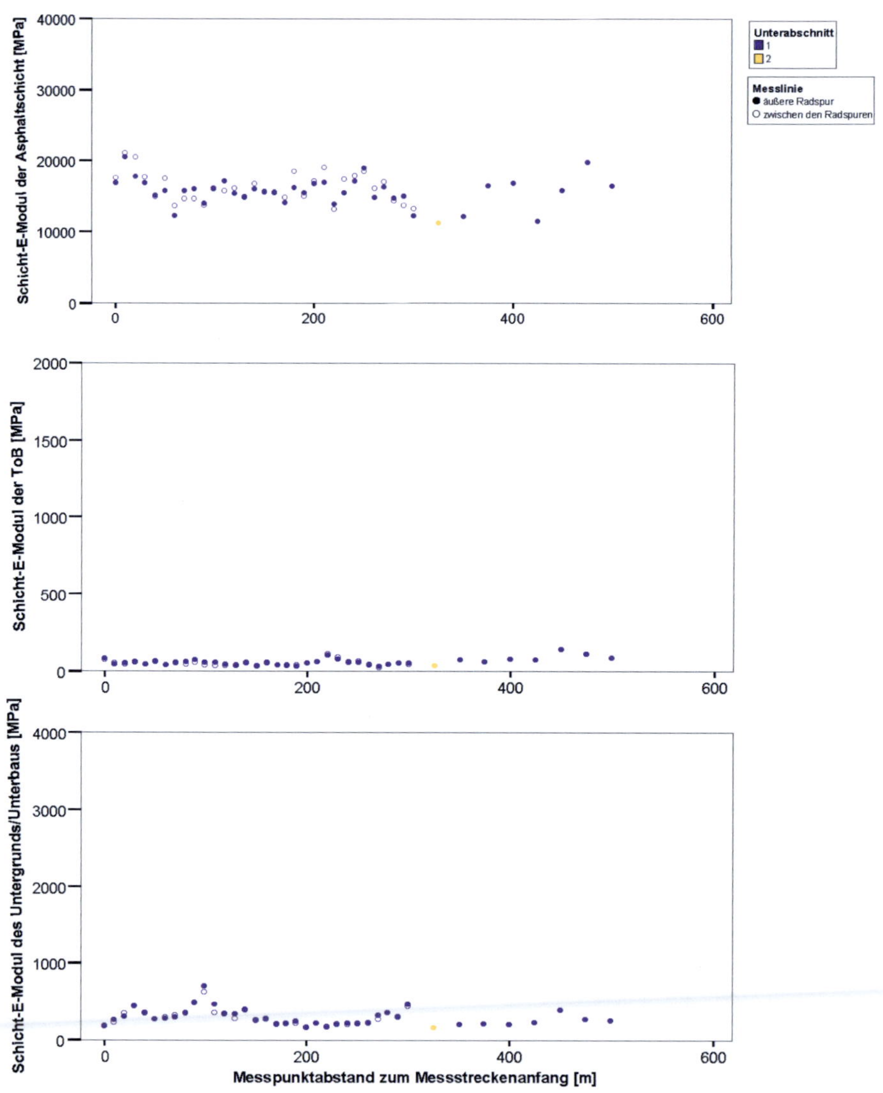

Abb. C.9: Streckenbänder von E1, E2 und E3 der Strecke 141 (Messtermin: September 2004)

Messtermin		T_Luft [°C]	T_Oberfl. [°C]	T1 [°C]	T2 [°C]	T3 [°C]	Standard-Asphalt-temperatur [°C]
Juni 2003	Minimum	33	29	35	34	34	34
	Maximum	44	49	45	41	41	44
September 2003	Minimum	19	18	26	25	25	26
	Maximum	27	28	30	28	27	30
April 2004	Minimum	12	10	8	8	8	8
	Maximum	19	18	17	14	13	16
September 2004	Minimum	14	14	14	14	12	14
	Maximum	19	19	15	15	13	15
Juli 2005	Minimum	18	16	20	20	21	20
	Maximum	32	22	24	22	22	23
August 2005	Minimum	24	20	21	22	13	21
	Maximum	44	32	34	28	26	32
September 2005	Minimum	9	8	11	12	15	11
	Maximum	26	26	22	17	16	21
November 2005	Minimum	9	8	6	6	8	6
	Maximum	18	16	10	9	8	10
März 2006	Minimum	10	10	11	11	11	11
	Maximum	18	15	11	11	11	11

Tab. C.7: Temperaturverhältnisse zu den Messzeitpunkten (Strecke 141)

	Messtermin	Schicht-E-Modul der Asphaltschicht	Schicht-E-Modul der ToB	Schicht-E-Modul des Untergrunds/-baus
Anzahl N [-]	Juni 2003	40	40	40
	September 2003	36	36	36
	April 2004	32	32	32
	September 2004	39	39	39
	Juli 2005	39	39	39
	August 2005	234	234	234
	September 2005	234	234	234
	November 2005	233	233	233
	März 2006	234	234	234
	Insgesamt	1.121	1.121	1.121
Mittelwert [MPa]	Juni 2003	4.503	70	272
	September 2003	25.475	73	308
	April 2004	18.086	51	292
	September 2004	15.669	59	293
	Juli 2005	11.871	66	277
	August 2005	10.015	63	279
	September 2005	15.658	58	305
	November 2005	19.085	52	316
	März 2006	16.130	51	291
	Insgesamt	15.146	57	296
Standard-abweichung [MPa]	Juni 2003	867	24	106
	September 2003	5.248	26	115
	April 2004	1.939	14	112
	September 2004	2.014	23	113
	Juli 2005	1.667	27	105
	August 2005	2.304	27	110
	September 2005	3.101	25	125
	November 2005	2.678	22	133
	März 2006	2.169	21	121
	Insgesamt	4.887	24	121

Tab. C.8: Statistische Kenngrößen von Schicht-E-Moduln nach Messterminen differenziert (Strecke 141, rechte Radspur)

D Vergleichswerte für die rückgerechneten Modellgrößen

Materialbeschreibung	Steifigkeits- modul [MPa]	Poisson'sche Zahl [-]
Hot Rolled Asphalt, Verschleißschicht (15 °C)	4.500 - 7.500	0,4
Dichter Asphalt Macadam, Binderschicht (15 °C)	4.500 - 7.500	0,4
Hot Rolled Asphalt, Tragschicht (15 °C)	8.00 - 10.000	0,4
Dichter Asphalt Macadam, Tragschicht (15 °C)	7.000 - 10.000	0,4
Dichter Asphalt Macadam, Tragschicht mit hartem Bitumen (Pen 50) (15 °C)	10.000 - 13.000	0,4
Macadam Tragschicht für hohe Belastungen (15 °C)	7.000 - 10.000	0,4
Gebrochener Asphalt (20 °C)	1.000 - 6.000	0,25
Dichter Walzasphalt (20 °C)	1.000 - 6.000	0,35
Dichter Walzasphalt mit Brech-(Kant)korn (20 °C)	1.000 - 12.000	0,35

Tab. D.1: Typische Werte von Steifigkeitsmoduln und Poisson´sche Zahle für Asphaltschichten (Fuchs, 2001)

Materialbeschreibung	Steifigkeits-modul [MPa]	Poisson'sche Zahl [-]
Ungebundene obere Tragschicht	200 - 500	0,3
Ungebundene obere Tragschicht (mit Abbindeeigenschaften)	300 - 2.000	0,3
Ungebundene untere Tragschicht	50 - 200	0,3
Felsbruch	100 - 400	0,3
Sand	50 - 300	0,35
Lava	50 - 300	
Haldenmaterial, Taubes Gestein	50 - 300	
Recyclingmaterial aus Mauerwerk	50 - 250	
Kiessand	70 - 300	
Schaumschlacke	100 - 1.500	
Stückschlacke	100 - 400	
Mischgranulat	100 - 800	
Hochofenschlacke (vor Abbindung)	200 - 800	
Betongranulat	300 - 1.500	
Brech-(Kant)korn	150 - 350	
Mineralbeton	200 - 500	
Bodenverbesserung	50 - 100	
Untere Tragschicht	150	
Sand	30 - 150	
Obere Kiestragschicht (feuchtigkeitsabhängig)	100 - 375	
Ungebundene Tragschicht	50 - 300	
Untere Kiestragschicht (feuchtigkeitsabhängig)	50 - 300	

Tab. D.2: Typische Werte von Steifigkeitsmoduln und Poisson´schen Zahlen für ungebundene Materialien (Fuchs, 2001)

Materialbeschreibung	Steifigkeits-modul [MPa]	Poisson'sche Zahl [-]
Untergrund		
Ton, Untergrund	30 - 150	0,4
Ton	20 - 80	0,4
Torf	10 - 40	0,45
Ton, sehr weich	2 - 15	0,5
Ton, weich	5 - 25	0,45
Ton, mittel	15 - 20	0,35
Ton, fest	50 - 100	0,1
Ton, sandig	25 - 250	0,2
Sand, schluffig	7 - 21	0,35
Sand, locker	10 - 24	0,35
Sand, dicht	50 - 80	0,15
Kiessand, locker	50 - 140	0,35
Kiessand, dicht	100 - 200	0,35
Schluff	2 - 20	0,3
Andere Materialien		
Pflasterdecken	500 - 1.000	0,3
Schaumstoffplatten (Polystyrene)	5 - 10	0,1

Tab. D.3: Typische Werte von Steifigkeitsmoduln und Poisson'schen Zahlen für Untergrund- und andere Materialien (Fuchs, 2001)

Bodenart	E_{v2}-Wert [MPa] mit Entwässerungsmaßnahmen	E_{v2}-Wert [MPa] ohne nach ZTV Ew-StB	μ [-]
1	2	3	4
F1-Boden (grobkörnig nach DIN 18196)	≥ 45	keine	0,5
F1-Boden (gemischtkörnig nach DIN 18196)	≥ 45	50 % der Spalte 2	0,5
F2-Boden	≥ 45	15	0,5
F3-Boden	≥ 45	10	0,5

Tab. D.4: Verformungskenn- und Vergleichswerte für Böden (FGSV, 2007c)

Schichtart	Schichtmodul [MPa]	Querdehn-zahl μ [-]
FSS nach ZTV SoB-StB: Kiese und Kies-Sand-Gemische der Gruppe: GE Sande und Sand-Kies-Gemische der Gruppe: SE	50 bis 100	0,5
FSS nach ZTV SoB-StB: Kiese und Kies-Sand-Gemische der Gruppe: GI, GW Sande und Sand-Kies-Gemische der Gruppe: SI, SW	100 bis 150	0,5
FSS nach ZTV SoB-StB, Gemische aus gebrochenen Gesteinskörnungen	150 bis 200	0,5
Kiestragschicht nach ZTV SoB-StB	150 bis 250	0,5
Schottertragschicht nach ZTV SoB-StB	250 bis 400	0,5

Tab. D.5: Verformungskenn- und Vergleichswerte für Tragschichten ohne Bindemittel (ToB) (FGSV, 2007c)

E Auflistung statistischer Basiskenngrößen

Strecke	Temperaturbereich	Anzahl N [-]	Mittelwert [MPa]	Standard-abweichung [MPa]
101	≥ 5 - < 17°C	278	12.819	2.168
	≥ 17 - < 25°C	143	9.804	1.488
	≥ 25 - < 35°C	73	7.662	1.061
	Insgesamt	494	11.184	2.709
104	≥ 5 - < 17°C	281	12.828	3.037
	≥ 17 - < 25°C	259	9.300	1.962
	≥ 25 - < 35°C	69	7.023	1.719
	Insgesamt	609	10.670	3.267
123	≥ 5 - < 17°C	632	14.521	2.698
	≥ 17 - < 25°C	249	9.834	1.436
	≥ 25 - < 35°C	36	6.753	1.207
	Insgesamt	917	12.943	3.388
141	≥ 5 - < 17°C	683	17.260	2.783
	≥ 17 - < 25°C	221	11.651	2.085
	≥ 25 - < 35°C	109	8.619	1.817
	Insgesamt	1.013	15.107	4.097
Insgesamt	≥ 5 - < 17°C	1.874	15.013	3.271
	≥ 17 - < 25°C	872	10.131	2.005
	≥ 25 - < 35°C	287	7.758	1.718
	Insgesamt	3.033	12.923	3.938

Tab. E.1: Statistische Kenngrößen der Schicht-E-Moduln der Asphaltschicht differenziert nach den Bereichen der Standard-Asphalttemperatur

	Strecke	Anzahl N [-]	Mittelwert [MPa]	Standard-abweichung [MPa]
Schicht-E-Modul der ToB	101	494	198	68
	104	609	1.130	1.062
	123	917	303	176
	141	1.013	57	24
	Insgesamt	3.033	370	626
Schicht-E-Modul des Untergrunds/Unterbaus	101	494	2.167	663
	104	609	305	36
	123	917	657	194
	141	1.013	297	122
	Insgesamt	3.033	712	724

Tab. E.2: Statistische Kenngrößen der Schicht-E-Moduln für die ungebundenen Schichten (ToB und Untergrund/-bau)

Strecke		Bestimmt-heitsmaß [%]	Regressions-koeffzient a [MPa]	Regressions-koeffzient b [MPa/K]
101	Anzahl N	60	60	60
	Mittelwert	71	10.622	-427
	Standardabweichung	15	3.076	154
104	Anzahl N	39	39	39
	Mittelwert	82	9.412	-450
	Standardabweichung	14	1.723	99
123	Anzahl N	39	39	39
	Mittelwert	89	9.192	-454
	Standardabweichung	4	1.370	63
141	Anzahl N	39	39	39
	Mittelwert	91	12.462	-497
	Standardabweichung	3	1.686	91
Insgesamt	Anzahl N	177	177	177
	Mittelwert	82	10.446	-453
	Standardabweichung	14	2.516	115

Tab. E.3: Tabellarische Zusammenstellung der Mittelwerte der Bestimmtheitsmaße R^2 und Regressionskoeffizienten zur Temperaturanalyse

Bau-klasse	Temperaturbereich		Deflexion D0 [µm]	Untergrund/ Unterbau-Indikator UI [µm]	Tragfähig-keitszahl Tz [-]
SV	≥ 5 - < 17°C	Anzahl N	1.197	1.197	1.197
		Mittelwert	103	15	4,96
		Standardabweichung	79	9	1,99
	≥ 17 - < 25°C	Anzahl N	895	895	895
		Mittelwert	120	17	3,81
		Standardabweichung	87	12	1,69
	≥ 25 - < 35°C	Anzahl N	620	620	620
		Mittelwert	174	21	2,87
		Standardabweichung	259	17	1,54
I	≥ 5 - < 17°C	Anzahl N	1.273	1.273	1.273
		Mittelwert	118	18	4,43
		Standardabweichung	92	12	1,83
	≥ 17 - < 25°C	Anzahl N	834	834	834
		Mittelwert	143	21	3,39
		Standardabweichung	118	16	1,56
	≥ 25 - < 35°C	Anzahl N	588	588	588
		Mittelwert	220	25	2,63
		Standardabweichung	609	21	1,39
II	≥ 5 - < 17°C	Anzahl N	1.247	1.247	1.247
		Mittelwert	134	21	3,92
		Standardabweichung	101	15	1,67
	≥ 17 - < 25°C	Anzahl N	876	876	876
		Mittelwert	153	23	3,12
		Standardabweichung	121	19	1,43
	≥ 25 - < 35°C	Anzahl N	564	564	564
		Mittelwert	199	27	2,40
		Standardabweichung	179	23	1,20
III	≥ 5 - < 17°C	Anzahl N	1.434	1.434	1.434
		Mittelwert	144	23	3,51
		Standardabweichung	116	19	1,52
	≥ 17 - < 25°C	Anzahl N	1.009	1.009	1.009
		Mittelwert	163	24	2,80
		Standardabweichung	122	21	1,26
	≥ 25 - < 35°C	Anzahl N	778	778	778
		Mittelwert	213	27	2,03
		Standardabweichung	168	24	1,06

Tab. E.4: Statistische Kenngrößen der Zustandsindikatoren D0 und nach Jendia für Bauweisen nach Zeile 1 der RStO 01 und unterschiedliche Bereiche der Standard-Asphalttemperatur (Bauklassen SV bis III)

Bau-klasse	Temperaturbereich		Deflexion D0 [µm]	Untergrund/ Unterbau- Indikator UI [µm]	Tragfähig- keitszahl Tz [-]
IV	≥ 5 - < 17°C	Anzahl N	1.147	1.147	1.147
		Mittelwert	181	28	2,86
		Standardabweichung	142	23	1,30
	≥ 17 - < 25°C	Anzahl N	830	830	830
		Mittelwert	192	28	2,39
		Standardabweichung	145	26	1,14
	≥ 25 - < 35°C	Anzahl N	827	827	827
		Mittelwert	260	33	1,68
		Standardabweichung	210	31	,93
V	≥ 5 - < 17°C	Anzahl N	809	809	809
		Mittelwert	240	35	1,96
		Standardabweichung	163	30	,94
	≥ 17 - < 25°C	Anzahl N	523	523	523
		Mittelwert	272	35	1,53
		Standardabweichung	180	31	,72
	≥ 25 - < 35°C	Anzahl N	574	574	574
		Mittelwert	298	35	1,31
		Standardabweichung	220	36	,68
VI	≥ 5 - < 17°C	Anzahl N	804	804	804
		Mittelwert	318	40	1,38
		Standardabweichung	238	44	,86
	≥ 17 - < 25°C	Anzahl N	511	511	511
		Mittelwert	340	37	1,18
		Standardabweichung	279	51	,73
	≥ 25 - < 35°C	Anzahl N	593	593	593
		Mittelwert	380	37	,96
		Standardabweichung	277	46	,59

Tab. E.5: Statistische Kenngrößen der Zustandsindikatoren D0 und nach Jendia für Bauweisen nach Zeile 1 der RStO 01 und unterschiedliche Bereiche der Standard-Asphalttemperatur (Bauklassen IV bis VI)

Bau-klasse	Temperatur-bereich		Deflexion D0 [μm]	Untergrund/ Unterbau-Indikator UI [μm]	Tragfähig-keitszahl Tz [-]
SV	≥ 5 - < 17°C	Anzahl N	12	12	12
		Mittelwert	114	19	4,35
		Standardabweichung	13	2	,50
	≥ 17 - < 25°C	Anzahl N	9	9	9
		Mittelwert	136	23	3,26
		Standardabweichung	18	3	,34
	≥ 25 - < 35°C	Anzahl N	5	5	5
		Mittelwert	172	28	2,40
		Standardabweichung	32	6	,76
I	≥ 5 - < 17°C	Anzahl N	8	8	8
		Mittelwert	128	22	3,98
		Standardabweichung	16	2	,50
	≥ 17 - < 25°C	Anzahl N	7	7	7
		Mittelwert	138	24	3,12
		Standardabweichung	12	3	,24
	≥ 25 - < 35°C	Anzahl N	6	6	6
		Mittelwert	157	25	2,52
		Standardabweichung	36	6	,69
II	≥ 5 - < 17°C	Anzahl N	15	15	15
		Mittelwert	124	21	3,89
		Standardabweichung	20	4	,70
	≥ 17 - < 25°C	Anzahl N	15	15	15
		Mittelwert	149	25	2,90
		Standardabweichung	22	5	,42
	≥ 25 - < 35°C	Anzahl N	9	9	9
		Mittelwert	175	28	2,32
		Standardabweichung	34	6	,57
III	≥ 5 - < 17°C	Anzahl N	16	16	16
		Mittelwert	162	29	2,88
		Standardabweichung	25	5	,47
	≥ 17 - < 25°C	Anzahl N	11	11	11
		Mittelwert	205	37	2,20
		Standardabweichung	46	10	,43
	≥ 25 - < 35°C	Anzahl N	9	9	9
		Mittelwert	202	33	1,86
		Standardabweichung	23	5	,31

Tab. E.6: Statistische Kenngrößen der Zustandsindikatoren D0 und nach Jendia für Bauweisen nach Zeile 1 der RStO 01 und unterschiedliche Bereiche der Standard-Asphalttemperatur einge-grenzt auf die Klassen 3 (Bauklassen SV bis III)

Bau-klasse	Temperatur-bereich		Deflexion D0 [µm]	Untergrund/ Unterbau-Indikator UI [µm]	Tragfähig-keitszahl Tz [-]
IV	≥ 5 - < 17°C	Anzahl N	15	15	15
		Mittelwert	181	32	2,38
		Standardabweichung	30	7	,32
	≥ 17 - < 25°C	Anzahl N	10	10	10
		Mittelwert	197	32	2,21
		Standardabweichung	53	10	,94
	≥ 25 - < 35°C	Anzahl N	4	4	4
		Mittelwert	235	33	1,42
		Standardabweichung	33	5	,21
V	≥ 5 - < 17°C	Anzahl N	13	13	13
		Mittelwert	208	31	1,96
		Standardabweichung	39	7	,85
	≥ 17 - < 25°C	Anzahl N	16	16	16
		Mittelwert	235	32	1,54
		Standardabweichung	54	11	,52
	≥ 25 - < 35°C	Anzahl N	14	14	14
		Mittelwert	281	37	1,13
		Standardabweichung	37	9	,16
VI	≥ 5 - < 17°C	Anzahl N	11	11	11
		Mittelwert	274	34	1,40
		Standardabweichung	88	12	,89
	≥ 17 - < 25°C	Anzahl N	4	4	4
		Mittelwert	369	44	,85
		Standardabweichung	78	15	,21
	≥ 25 - < 35°C	Anzahl N	9	9	9
		Mittelwert	315	31	,87
		Standardabweichung	46	7	,10

Tab. E.7: Statistische Kenngrößen der Zustandsindikatoren D0 und nach Jendia für Bauweisen nach Zeile 1 der RStO 01 und unterschiedliche Bereiche der Standard-Asphalttemperatur eingegrenzt auf die Klassen 0 (Bauklassen IV bis VI)

	Steifigkeitsklasse TmB (Asphalt)	Temperaturbereich					
		≥ 5 - < 17°C		≥ 17 - < 25°C		≥ 25 - < 35°C	
		Minimum	Maximum	Minimum	Maximum	Minimum	Maximum
Deflexion D0 [µm]	1	81	167	135	191	125	159
	2	96	169	114	179	113	225
	3	90	176	106	180	130	219
	4	122	208	143	230	141	233
	5	121	240	158	268	166	319
Untergrund/ Unterbau- Indikator UI [µm]	1	12	31	24	33	19	25
	2	15	30	20	31	19	37
	3	14	31	17	34	20	36
	4	20	36	24	40	20	37
	5	17	42	22	38	27	32
Tragfähigkeits- zahl Tz [-]	1	3,5	5,9	2,7	3,7	3,3	3,3
	2	3,2	5,2	2,8	4,1	1,5	3,8
	3	3,1	5,3	2,4	3,9	1,6	3,2
	4	2,2	3,5	1,8	2,7	1,1	2,5
	5	1,5	3,1	,9	1,9	,6	1,8

Tab. E.8: Minimal- und Maximalwerte der Zustandsindikatoren D0, UI und Tz für die verschiedenen Steifigkeitsklassen TmB und Bereiche der Standard-Asphalttemperatur (Bauklasse II; Steifigkeitsklasse Tob und UG/UB: 3)

	Steifigkeitsklasse ToB	Temperaturbereich					
		≥ 5 - < 17°C		≥ 17 - < 25°C		≥ 25 - < 35°C	
		Minimum	Maximum	Minimum	Maximum	Minimum	Maximum
Deflexion D0 [µm]	1	85	121	89	146	122	179
	2	99	145	104	121	123	219
	3	90	176	106	180	130	219
	4	128	187	165	204	204	248
	5	193	307	187	247	155	316
Untergrund/ Unterbau- Indikator UI [µm]	1	9	20	11	24	13	29
	2	15	26	16	19	16	31
	3	14	31	17	34	20	36
	4	25	37	32	41	35	44
	5	42	66	39	50	30	72
Tragfähigkeits- zahl Tz [-]	1	3,6	5,6	2,7	4,1	1,3	3,2
	2	3,4	4,5	3,1	4,1	1,2	3,2
	3	3,1	5,3	2,4	3,9	1,6	3,2
	4	2,7	3,9	2,2	2,6	1,5	2,2
	5	2,1	2,5	2,0	2,3	1,4	2,6

Tab. E.9: Minimal- und Maximalwerte der Zustandsindikatoren D0, UI und Tz für die verschiedenen Steifigkeitsklassen ToB und Bereiche der Standard-Asphalttemperatur (Bauklasse II; Steifigkeitsklasse TmB und UG/UB: 3)

| | Steifigkeitsklasse UG/UB | Temperaturbereich | | | | | |
| | | ≥ 5 - < 17°C | | ≥ 17 - < 25°C | | ≥ 25 - < 35°C | |
		Minimum	Maximum	Minimum	Maximum	Minimum	Maximum
Deflexion D0 [µm]	1	54	91	57	96	61	119
	2	72	129	81	135	109	163
	3	90	176	106	180	130	219
	4	155	230	176	223	229	359
	5	256	448	287	287	229	524
Untergrund/ Unterbau-Indikator UI [µm]	1	9	17	10	19	7	18
	2	14	25	13	25	17	24
	3	14	31	17	34	20	36
	4	22	38	27	40	32	60
	5	32	59	39	39	28	62
Tragfähigkeits-zahl Tz [-]	1	3,8	6,1	3,5	5,6	2,1	4,5
	2	3,4	5,8	2,7	5,0	1,7	3,0
	3	3,1	5,3	2,4	3,9	1,6	3,2
	4	2,2	3,5	2,4	2,6	1,3	2,0
	5	1,6	2,5	1,9	1,9	,9	2,3

Tab. E.10: Minimal- und Maximalwerte der Zustandsindikatoren D0, UI und Tz für die verschiedenen Steifigkeitsklassen UG/UB und Bereiche der Standard-Asphalttemperatur (Bauklasse II; Steifigkeitsklasse TmB und ToB: 3)

F Angaben zum Training und zur Validierung eines KNN

progn. Klasse	urspr. Klasse				
	1	2	3	4	5
1	1.265	694	66	20	2
2	320	3.381	615	155	29
3	13	698	2.742	771	70
4	1	66	549	4.360	770
5	0	2	14	677	3.965

Tab. F.1: Kreuztabellarische Gegenüberstellung der vorhandenen Steifigkeitsklasse mit der prognostizierten Steifigkeitsklasse für Asphalt (Trainingsdatensatz; Clementine; Genauigkeit: 74 %)

progn. Klasse	urspr. Klasse				
	1	2	3	4	5
1	3.654	493	33	0	2
2	445	4.916	594	9	2
3	43	430	5.120	347	13
4	9	10	653	2.578	283
5	1	0	86	357	1.167

Tab. F.2: Kreuztabellarische Gegenüberstellung der vorhandenen Steifigkeitsklasse mit der prognostizierten Steifigkeitsklasse für ToB (Trainingsdatensatz; Clementine; Genauigkeit: 82 %)

progn. Klasse	urspr. Klasse				
	1	2	3	4	5
1	5.777	62	0	0	0
2	43	7.662	197	12	0
3	0	90	3.701	129	1
4	0	0	142	1.770	41
5	0	0	0	65	1.557

Tab. F.3: Kreuztabellarische Gegenüberstellung der vorhandenen Steifigkeitsklasse mit der prognostizierten Steifigkeitsklasse für den Untergrund/-bau (Trainingsdatensatz; Clementine; Genauigkeit: 98 %)

progn. Klasse	urspr. Klasse				
	1	2	3	4	5
1	323	292	44	11	0
2	448	1.111	415	108	18
3	79	424	1.123	441	66
4	5	65	419	1.709	492
5	0	3	19	399	1.480

Tab. F.4: Kreuztabellarische Gegenüberstellung der vorhandenen Steifigkeitsklasse mit der prognostizierten Steifigkeitsklasse für Asphalt (Validierungsdatensatz; KNIME; Genauigkeit: 60 %)

progn. Klasse	urspr. Klasse				
	1	2	3	4	5
1	4.437	204	18	0	0
2	489	1.894	128	4	1
3	20	298	908	57	4
4	0	8	196	531	44
5	0	0	5	98	150

Tab. F.5: Kreuztabellarische Gegenüberstellung der vorhandenen Steifigkeitsklasse mit der prognostizierten Steifigkeitsklasse für ToB (Validierungsdatensatz; KNIME; Genauigkeit: 83 %)

progn. Klasse	urspr. Klasse				
	1	2	3	4	5
1	7.080	30	0	0	0
2	19	1.454	17	0	0
3	0	18	447	9	0
4	0	1	30	221	4
5	0	0	0	12	152

Tab. F.6: Kreuztabellarische Gegenüberstellung der vorhandenen Steifigkeitsklasse mit der prognostizierten Steifigkeitsklasse für den Untergrund/-bau (Validierungsdatensatz; KNIME; Genauigkeit: 98 %)

G Auflistung von Beanspruchungsgrößen

Steifigkeitsklasse Untergrund/-bau: 1

Steifigkeitsklasse ToB	Steifigkeitsklasse TmB		Dehnung Unterkante TmB [µm/m]	Spannung Oberkante ToB [MPa]	Spannung Oberkante Untergrund/-bau [MPa]
1	1	Minimum	3	-,183	-,023
		Maximum	23	-,018	-,006
	2	Minimum	7	-,196	-,024
		Maximum	27	-,062	-,009
	3	Minimum	7	-,211	-,027
		Maximum	31	-,070	-,010
	4	Minimum	6	-,239	-,031
		Maximum	42	-,082	-,011
	5	Minimum	1	-,303	-,051
		Maximum	82	-,109	-,012
2	1	Minimum	6	-,066	-,023
		Maximum	27	-,013	-,007
	2	Minimum	22	-,074	-,024
		Maximum	32	-,043	-,017
	3	Minimum	26	-,086	-,027
		Maximum	38	-,049	-,019
	4	Minimum	30	-,113	-,031
		Maximum	54	-,058	-,020
	5	Minimum	41	-,257	-,054
		Maximum	157	-,078	-,024
3	1	Minimum	6	-,047	-,022
		Maximum	30	-,010	-,007
	2	Minimum	26	-,053	-,023
		Maximum	36	-,031	-,016
	3	Minimum	30	-,061	-,026
		Maximum	44	-,035	-,018
	4	Minimum	37	-,082	-,031
		Maximum	64	-,041	-,020
	5	Minimum	53	-,226	-,054
		Maximum	264	-,055	-,024
4	1	Minimum	6	-,033	-,019
		Maximum	34	-,007	-,005
	2	Minimum	29	-,037	-,021
		Maximum	40	-,020	-,013
	3	Minimum	35	-,043	-,023
		Maximum	50	-,022	-,015
	4	Minimum	43	-,058	-,028
		Maximum	76	-,026	-,016
	5	Minimum	63	-,187	-,054
		Maximum	437	-,035	-,020
5	1	Minimum	7	-,021	-,015
		Maximum	42	-,003	-,002
	2	Minimum	33	-,023	-,016
		Maximum	51	-,007	-,006
	3	Minimum	39	-,027	-,018
		Maximum	64	-,007	-,006
	4	Minimum	49	-,036	-,022
		Maximum	101	-,008	-,007
	5	Minimum	75	-,132	-,049
		Maximum	854	-,011	-,009

Tab. G.1: Ober- und Untergrenzen der Beanspruchungsgrößen der einzelnen Bemessungskriterien zugeordnet zu den Steifigkeitsklassen für die Steifigkeitsklasse Untergrund/-bau 1 (Asphalt-schichtdicke: 28 cm; Dicke der ToB: 42 cm)

Steifigkeitsklasse Untergrund/-bau: 2

Steifigkeitsklasse ToB	Steifigkeitsklasse TmB		Dehnung Unterkante TmB [µm/m]	Spannung Oberkante ToB [MPa]	Spannung Oberkante Untergrund/-bau [MPa]
1	1	Minimum	4	-,180	-,017
		Maximum	25	-,015	-,003
	2	Minimum	7	-,193	-,018
		Maximum	28	-,057	-,005
	3	Minimum	6	-,209	-,020
		Maximum	33	-,065	-,005
	4	Minimum	6	-,237	-,024
		Maximum	44	-,077	-,006
	5	Minimum	-1	-,303	-,041
		Maximum	78	-,103	-,007
2	1	Minimum	6	-,062	-,017
		Maximum	29	-,010	-,005
	2	Minimum	23	-,070	-,019
		Maximum	34	-,039	-,011
	3	Minimum	27	-,082	-,021
		Maximum	41	-,044	-,012
	4	Minimum	31	-,108	-,025
		Maximum	57	-,053	-,013
	5	Minimum	42	-,254	-,046
		Maximum	154	-,072	-,015
3	1	Minimum	6	-,043	-,017
		Maximum	32	-,008	-,005
	2	Minimum	27	-,049	-,019
		Maximum	38	-,027	-,012
	3	Minimum	32	-,058	-,021
		Maximum	47	-,031	-,013
	4	Minimum	38	-,078	-,025
		Maximum	68	-,037	-,014
	5	Minimum	54	-,223	-,048
		Maximum	262	-,051	-,017
4	1	Minimum	7	-,031	-,016
		Maximum	35	-,006	-,004
	2	Minimum	30	-,035	-,018
		Maximum	42	-,018	-,011
	3	Minimum	36	-,041	-,020
		Maximum	52	-,020	-,012
	4	Minimum	44	-,055	-,024
		Maximum	79	-,023	-,013
	5	Minimum	65	-,184	-,048
		Maximum	441	-,032	-,017
5	1	Minimum	7	-,020	-,013
		Maximum	43	-,002	-,002
	2	Minimum	34	-,022	-,015
		Maximum	52	-,006	-,005
	3	Minimum	40	-,026	-,016
		Maximum	65	-,007	-,006
	4	Minimum	50	-,035	-,020
		Maximum	103	-,008	-,007
	5	Minimum	76	-,130	-,046
		Maximum	859	-,011	-,009

Tab. G.2: Ober- und Untergrenzen der Beanspruchungsgrößen der einzelnen Bemessungskriterien zugeordnet zu den Steifigkeitsklassen für die Steifigkeitsklasse Untergrund/-bau 2 (Asphaltschichtdicke: 28 cm; Dicke der ToB: 42 cm)

Steifigkeitsklasse Untergrund/-bau: 3

Steifigkeitsklasse ToB	Steifigkeitsklasse TmB		Dehnung Unterkante TmB [µm/m]	Spannung Oberkante ToB [MPa]	Spannung Oberkante Untergrund/-bau [MPa]
1	1	Minimum	4	-,178	-,011
		Maximum	26	-,014	-,002
	2	Minimum	7	-,191	-,012
		Maximum	30	-,054	-,003
	3	Minimum	6	-,207	-,013
		Maximum	35	-,062	-,003
	4	Minimum	5	-,235	-,015
		Maximum	45	-,074	-,004
	5	Minimum	-3	-,302	-,028
		Maximum	70	-,100	-,004
2	1	Minimum	6	-,057	-,012
		Maximum	31	-,009	-,003
	2	Minimum	25	-,065	-,013
		Maximum	36	-,035	-,007
	3	Minimum	28	-,077	-,014
		Maximum	43	-,041	-,008
	4	Minimum	33	-,103	-,017
		Maximum	60	-,049	-,009
	5	Minimum	44	-,250	-,033
		Maximum	148	-,069	-,010
3	1	Minimum	7	-,038	-,012
		Maximum	34	-,006	-,003
	2	Minimum	29	-,044	-,013
		Maximum	40	-,024	-,008
	3	Minimum	34	-,052	-,014
		Maximum	49	-,028	-,009
	4	Minimum	41	-,072	-,018
		Maximum	72	-,033	-,010
	5	Minimum	57	-,218	-,038
		Maximum	261	-,047	-,012
4	1	Minimum	7	-,027	-,012
		Maximum	37	-,004	-,003
	2	Minimum	32	-,031	-,013
		Maximum	45	-,015	-,008
	3	Minimum	38	-,036	-,014
		Maximum	55	-,018	-,009
	4	Minimum	47	-,050	-,018
		Maximum	83	-,021	-,010
	5	Minimum	68	-,180	-,039
		Maximum	447	-,029	-,013
5	1	Minimum	7	-,017	-,011
		Maximum	44	-,002	-,002
	2	Minimum	36	-,020	-,012
		Maximum	53	-,006	-,005
	3	Minimum	42	-,023	-,013
		Maximum	67	-,007	-,005
	4	Minimum	53	-,032	-,017
		Maximum	104	-,008	-,006
	5	Minimum	80	-,127	-,039
		Maximum	867	-,010	-,008

Tab. G.3: Ober- und Untergrenzen der Beanspruchungsgrößen der einzelnen Bemessungskriterien zugeordnet zu den Steifigkeitsklassen für die Steifigkeitsklasse Untergrund/-bau 3 (Asphalt-schichtdicke: 28 cm; Dicke der ToB: 42 cm)

Steifigkeitsklasse Untergrund/-bau: 4

Steifigkeitsklasse ToB	Steifigkeitsklasse TmB		Dehnung Unterkante TmB [µm/m]	Spannung Oberkante ToB [MPa]	Spannung Oberkante Untergrund/ -bau [MPa]
1	1	Minimum	4	-,177	-,007
		Maximum	28	-,012	-,001
	2	Minimum	6	-,190	-,008
		Maximum	31	-,052	-,002
	3	Minimum	6	-,206	-,008
		Maximum	36	-,060	-,002
	4	Minimum	5	-,234	-,010
		Maximum	46	-,072	-,002
	5	Minimum	-5	-,302	-,019
		Maximum	64	-,098	-,003
2	1	Minimum	7	-,054	-,008
		Maximum	33	-,008	-,002
	2	Minimum	26	-,062	-,009
		Maximum	38	-,033	-,005
	3	Minimum	30	-,074	-,010
		Maximum	45	-,039	-,005
	4	Minimum	35	-,100	-,012
		Maximum	62	-,046	-,006
	5	Minimum	45	-,247	-,024
		Maximum	143	-,066	-,007
3	1	Minimum	7	-,035	-,009
		Maximum	37	-,005	-,002
	2	Minimum	31	-,041	-,009
		Maximum	43	-,021	-,006
	3	Minimum	36	-,049	-,011
		Maximum	53	-,025	-,006
	4	Minimum	43	-,068	-,013
		Maximum	76	-,030	-,007
	5	Minimum	60	-,214	-,029
		Maximum	260	-,043	-,008
4	1	Minimum	8	-,024	-,009
		Maximum	40	-,004	-,002
	2	Minimum	35	-,027	-,009
		Maximum	48	-,013	-,006
	3	Minimum	41	-,033	-,011
		Maximum	59	-,015	-,007
	4	Minimum	50	-,047	-,013
		Maximum	88	-,018	-,008
	5	Minimum	72	-,175	-,032
		Maximum	456	-,026	-,009
5	1	Minimum	8	-,015	-,008
		Maximum	45	-,002	-,002
	2	Minimum	38	-,017	-,009
		Maximum	54	-,005	-,004
	3	Minimum	45	-,021	-,010
		Maximum	69	-,006	-,005
	4	Minimum	55	-,029	-,013
		Maximum	108	-,007	-,005
	5	Minimum	84	-,123	-,033
		Maximum	882	-,009	-,007

Tab. G.4: Ober- und Untergrenzen der Beanspruchungsgrößen der einzelnen Bemessungskriterien zugeordnet zu den Steifigkeitsklassen für die Steifigkeitsklasse Untergrund/-bau 4 (Asphalt-schichtdicke: 28 cm; Dicke der ToB: 42 cm)

Steifigkeitsklasse Untergrund/-bau: 5

Steifigkeitsklasse ToB	Steifigkeitsklasse TmB		Dehnung Unterkante TmB [µm/m]	Spannung Oberkante ToB [MPa]	Spannung Oberkante Untergrund/-bau [MPa]
1	1	Minimum	4	-,177	-,005
		Maximum	31	-,011	,000
	2	Minimum	6	-,190	-,005
		Maximum	34	-,050	-,001
	3	Minimum	6	-,206	-,005
		Maximum	39	-,058	-,001
	4	Minimum	4	-,233	-,006
		Maximum	50	-,069	-,001
	5	Minimum	-10	-,302	-,013
		Maximum	58	-,095	-,001
2	1	Minimum	7	-,052	-,005
		Maximum	38	-,006	-,001
	2	Minimum	28	-,060	-,006
		Maximum	43	-,030	-,002
	3	Minimum	31	-,071	-,007
		Maximum	51	-,035	-,002
	4	Minimum	36	-,097	-,008
		Maximum	69	-,043	-,002
	5	Minimum	46	-,245	-,016
		Maximum	138	-,062	-,002
3	1	Minimum	8	-,033	-,006
		Maximum	43	-,004	-,001
	2	Minimum	33	-,038	-,007
		Maximum	50	-,018	-,002
	3	Minimum	38	-,046	-,007
		Maximum	61	-,021	-,002
	4	Minimum	46	-,065	-,009
		Maximum	87	-,026	-,002
	5	Minimum	63	-,211	-,020
		Maximum	260	-,039	-,003
4	1	Minimum	8	-,021	-,006
		Maximum	47	-,002	-,001
	2	Minimum	37	-,025	-,007
		Maximum	56	-,009	-,002
	3	Minimum	43	-,030	-,008
		Maximum	69	-,011	-,003
	4	Minimum	53	-,043	-,010
		Maximum	104	-,014	-,003
	5	Minimum	76	-,171	-,025
		Maximum	486	-,021	-,004
5	1	Minimum	8	-,013	-,006
		Maximum	51	-,001	-,001
	2	Minimum	40	-,015	-,007
		Maximum	62	-,003	-,002
	3	Minimum	48	-,018	-,008
		Maximum	78	-,004	-,003
	4	Minimum	59	-,026	-,010
		Maximum	121	-,004	-,003
	5	Minimum	89	-,119	-,025
		Maximum	964	-,006	-,004

Tab. G.5: Ober- und Untergrenzen der Beanspruchungsgrößen der einzelnen Bemessungskriterien zugeordnet zu den Steifigkeitsklassen für die Steifigkeitsklasse Untergrund/bau 5 (Asphaltschichtdicke: 28 cm; Dicke der ToB: 42 cm)

Lebenslauf

Geboren am 9. Juli 1976 in Schwäbisch Gmünd (Geburtsname: Thiele)

1986 – 1995	Scheffold-Gymnasium, Schwäbisch Gmünd
1995 – 1996	Zivildienst in Schwäbisch Gmünd
1996 – 2002	Bauingenieurstudium an der Universität Karlsruhe (TH)
2002 – 2008	akademischer Mitarbeiter am Institut für Straßen- und Eisenbahnwesen der Universität Karlsruhe
2008 – 2010	Vorbereitungsdienst für den höheren bautechnischen Verwaltungsdienst beim Land Baden-Württemberg
seit 2010	Stadtbaurat beim Tiefbauamt Stuttgart

VERÖFFENTLICHUNGEN

des Institutes für Straßen- und Eisenbahnwesen

Karlsruher Institut für Technologie (KIT)

Herausgeber: Univ.-Prof. Dr.-Ing. Dr.h.c. Ralf Roos

---

* **Band 1:** **Rüdiger Lamm**
Die Gefährdungswahrscheinlichkeit –
Ein Beitrag zur Untersuchung von Straßenknoten
ohne Lichtsignalregelung. 1968

* **Band 2:** **Hans Günter Krebs, Rüdiger Lamm, Rolf Heinemann**
Verschleiß und temperaturabhängige Verformungen von Tragschichten
mit Oberflächenschutz unter der Straßenprüfanlage. 1969

Band 3: **Wolfgang Arand**
Dichte im Asphaltstraßenbau. 1969

Band 4: **Manfred Pilger**
Untersuchungen über die Leistungsfähigkeit zweigleisiger Eisenbahn-
strecken mit Mischbetrieb zwischen S-Bahnen und Fernbahnen. 1970

* **Band 5:** **Klaus Kraß**
Kriechuntersuchungen an zylindrischen Asphaltprobekörpern. 1971

* **Band 6:** **Rolf Heinemann, Heinrich E. Herring, Jürgen H. Klöckner,**
Rüdiger Lamm, Rolf Leutner, Hans Gg. Schlichter
Geschwindigkeit, Fahrdynamik, Sicherheit. 1971

Band 7: **Wolfgang Arand**
Der bituminöse Mörtel. 1971

Band 8: **Ernst Joachim Vater**
Viskoelastisches Verhalten von Destillationsbitumen. 1972

Band 9: **Rolf Heinemann**
Schleppkurven – Funktionale Erfassung und Anwendung auf die
Fahrbahngeometrie. 1972

Band 10: **Hans Günter Krebs, Wolfgang Arand**
Forschung zwischen Fahrdynamik und Asphaltstraßenbau. 1973

Band 11: **Rüdiger Lamm**
Fahrdynamik und Streckencharakteristik
Ein Beitrag zum Entwurf von Straßen unter besonderer
Berücksichtigung der Geschwindigkeit. 1973

* vergriffen

Band 12: Rolf Leutner
Fahrraum und Fahrverhalten. 1974

Band 13: Hanns Cronen
Nutzen aus der Steigerung der Reisegeschwindigkeit
im Personenfernverkehr auf der Schiene. 1975

Band 14: Institut für Straßenbau und Eisenbahnwesen
1965 – 1975
Wissenschaftliche Beiträge und Tätigkeitsbericht. 1975

Band 15: Jürgen Heinz Klöckner
Sachschäden von Straßenverkehrsunfällen als Bewertungsgröße
in der Unfallstatistik. 1976

Band 16: Peter Kupke
Simulatorexperimente zum trassenabhängigen Fahrverhalten
und Überprüfen der Linienführung. 1977

Band 17: Helmut Naumann
Entwicklung eines Programmsystems zur Herstellung von
computererzeugten Perspektivfilmen. 1977

Band 18: Seminar für Verkehrswegebau, Sommersemester 1978
Gemeinsame Nutzung des Wolfacher Eisenbahntunnels
für Schienen- und Straßenverkehr. 1979

Band 19: Alpay Dengiz
Relaxationsverhalten von Asphaltprobekörpern im
einaxialen Zugversuch. 1980

Band 20: Wolfgang Jäger
Mechanisches Verhalten von Asphaltprobekörpern. 1980

Band 21: Ulrich Weißleder
Simulation eines neuartigen Betriebssystems für
hochbelastete Eisenbahnstrecken. 1980

Band 22: Institut für Straßenbau und Eisenbahnwesen
1965 – 1980
Wissenschaftliche Beiträge und Tätigkeitsberichte. 1980

Band 23: Ulrich Oser
Stochastisches Modell zur Analyse und Simulation des
rechnergesteuerten Ablaufbetriebes in Rangierbahnhöfen. 1981

Band 24: Hans Günter Krebs, Gerhard Bernstein, Harald Timm
Der Bau neuer Eisenbahnstrecken aus der Sicht der Bevölkerung. 1981

Band 25: Nicola Damianoff
Beeinflussung und Schätzung von Fahrgeschwindigkeiten
in Kurven. 1981

* vergriffen

*   Band 26: Klaus Dieterle
         Fahrzeugverhalten auf nasser Fahrbahn. 1982

*   Band 27: Jürgen Schneider
         Unfallanalytische und fahrdynamische Beurteilung der negativen
         Querneigung. 1982

Band 28: Ernst-Ulrich Hiersche
Straße und Denkmal. 1983

Band 29: Willy Pastorini
Nachfrageorientierte Produktionskonzepte
für den kombinierten Ladungsverkehr. 1985

Band 30: Hans Gg. Schlichter
Räumliche Linienführung von Verkehrswegen. 1985

Band 31: Alex Stefan Schilcher
Laufverhalten von Abläufen bei der Laufzielbremsung. 1985

Band 32: Norbert Weiland
Verformungsverhalten von Asphaltprobekörpern unter dynamischer
Belastung. 1986

Band 33: Festschrift Krebs
Beiträge zum Umweltschutz und zur Verkehrssicherheit. 1986

Band 34: Achim Taubmann
Unfallgeschehen innerhalb bebauter Gebiete in Abhängigkeit von Straßen-
und Verkehrsbedingungen. 1987

*   Band 35: Thomas Wörner
         Umweltverträglichkeit alternativer Baustoffe für den Straßenbau. 1988

Band 36: Bernhard Tenzinger
Einflußfaktoren auf das Unfallgeschehen unter besonderer
Berücksichtigung der Fahrbahn. 1989

*   Band 37: Kyriakos Vassiliou
         Bautechnische Eigenschaften von ungebundenen Tragschichten aus
         wiederverwendbaren Baustoffen. 1989

Band 38: Reinhard Bickelhaupt
Beurteilung des dreistreifigen Querschnittstyps b2+1 unter besonderer
Berücksichtigung des Schwerverkehrs. 1991

Band 39: Walter Gerstner
Einsatzstrategien für Beidrücklokomotiven. 1991

*   Band 40: ISE-Festschrift (1981 – 1991). 1992

Band 41: Schi-Juehn Lin
Steuerung des Hohlraumgehaltes von Dränasphalt im Hinblick auf die
Optimierung seiner bautechnischen Eigenschaften. 1993

* vergriffen

Band 42: Markus Stöckner
Möglichkeiten der Errichtung eines integrierten und zertifizierbaren
Qualitätsmanagementsystems für Asphaltmischanlagen. 1994

Band 43: Honoré Codjia
Erarbeitung eines Bewertungshintergrundes für das Prüfverfahren
„Schichtenverbund nach LEUTNER" und Bestimmung der Präzision. 1994

Band 44: Delia Brocke
Eisenbahnbedingter Straßenpersonenverkehr in Einzugsbereichen
von Bahnhöfen. 1995

Band 45: Shafik Jendia
Bewertung der Tragfähigkeit von bituminösen
Straßenbefestigungen. 1995

Band 46: Martin Kiuntke
Bewährung von Asphaltbefestigungen mit hohen Anteilen von
Ausbauasphalt. 1996

Band 47: Jürgen Reichelt
Mineralogische Aspekte bautechnischer und umweltrelevanter
Eigenschaften von Müllverbrennungsschlacken. 1996

Band 48: Bernd Bühler
Realisierung eines geräuschabsorbierenden Asphaltoberbaus
unter Einführung der Kennwertsynthese als multikriteriale
Entscheidungshilfe. 1996

Band 49: ISE-Festschrift (1992 – 1996). 1996

Band 50: Wolfgang Lackner
Untersuchung von Zusammenhängen zwischen Ebenheitsmerkmalen
und Tragfähigkeitseigenschaften von Straßen im Hinblick auf die
Minimierung des Aufwandes bei der Zustandserfassung. 1999

Band 51: Matthias Zimmermann
Quantitative Methoden zur Beurteilung räumlicher Linienführung
von Straßen. 2001

Band 52: Andreas Großmann
Bewertung des Tragverhaltens von Betonfahrbahnen basierend auf
Messungen mit dem Falling Weight Deflectometer. 2003

Band 53: Axel Norkauer
Beurteilung von Maßnahmen zur Staureduktion bei Arbeitsstellen
Kürzerer Dauer auf Bundesautobahnen. 2004

Band 54: Carsten Karcher
Prognose und Bewertung des Verformungsverhaltens von Asphalten mit
dem Druckschwellversuch am Beispiel des Splittmastixasphalt. 2005

* vergriffen

Band 55: Rainer Hess
Optimierte Planung von Arbeitsstellen an Autobahnen auf der Grundlage
verkehrlicher Überlastungswahrscheinlichkeiten. 2006

Band 56: Thorsten Cypra
Entwicklung einer Entscheidungsmethode für Maßnahmen im Winterdienst
auf hochbelasteten Bundesautobahnen. 2007

Band 57: v. Loeben Wolf-Henrik
Überprüfung eines funktionalen Zusammenhanges zwischen der
Fahrbahntextur und dem erzielbaren Bremsweg. 2007

Ab Band 58 erscheint die Reihe bei KIT Scientific Publishing, ISSN 1860-093X.

Die Bände sind unter www.ksp.kit.edu als PDF frei verfügbar oder als Druckausgabe bestellbar.

Band 58: Leyla Chakar
Optimierung des Verformungswiderstandes von Splittmastixasphalt durch
Modifikation mit Elektroofenschlacke. 2009

Band 59: Thomas Chakar
Methode zur Klassifizierung von Tragfähigkeitsmessergebnissen des
Falling Weight Deflectometers bei Asphaltbefestigungen. 2010

* vergriffen